Zu diesem Buch

Wir sind besiedelt: Billionen putzmunterer Mikroorganismen hausen auf und in uns. «Menschliches Leben ist ein Joint Venture», sagt der Autor und zeigt, dass die viel gefürchteten Tierchen einen schlechteren Ruf haben, als sie es verdienen. Wo die Medizin nur «Krankheitserreger» sieht, erschließt der spannende Ausflug in die Tiefen des Körpers eine neue Welt – und führt zu einem verblüffenden Ergebnis: Viele unserer Besiedler sind nicht nur verträgliche, sondern überaus nützliche Genossen, ohne die wir nicht existieren könnten.

«Das Buch liest sich stellenweise so spannend wie ein Kriminalroman und überrascht mit historischen und modernen Fakten.» («medizin heute»)

Foto: Cornelius Meffert

Jörg Blech, geboren 1966, studierte Biologie in Köln und Biochemie an der University of Sussex in Großbritannien. Er besuchte die «Henri-Nannen-Schule» in Hamburg und war anschließend Redakteur beim «Stern» und bei der «Zeit». Heute arbeitet er im Wissenschaftsressort des «Spiegel» in Hamburg. Jörg Blech ist verheiratet und Vater von zwei Töchtern.

Jörg Blech

Leben auf dem Menschen

Die Geschichte unserer Besiedler

Rowohlt Taschenbuch Verlag

rororo science
Lektorat Angelika Mette

3. Auflage Dezember 2000

Originalausgabe
Veröffentlicht im Rowohlt Taschenbuch Verlag GmbH,
Reinbek bei Hamburg, Juni 2000
Copyright © 2000 by Rowohlt Taschenbuch Verlag GmbH,
Reinbek bei Hamburg
Fachliche Beratung Eva Ruhnau,
Humanwissenschaftliches Zentrum,
Ludwig-Maximilians-Universität München
Umschlaggestaltung Barbara Hanke
(Fotos: Tony Stone/Tim Flach/ZEFA, Peter Sui)
Satz Sabon und Syntax PostScript (PageOne)
Gesamtherstellung Clausen & Bosse, Leck
Printed in Germany
ISBN 3 499 60880 4

Die Schreibweise entspricht den Regeln
der neuen Rechtschreibung.

Inhalt

Vorwort 9

Kapitel 1
Wir sind besiedelt! 11

Die Lust mit den Lästlingen 16
Furcht vor dem Lande Liliput 19
Spuren im Erbgut 24
Lebensraum Mensch 25

Kapitel 2
Die Gesundheitserreger 29

Keime lassen uns gedeihen 31
Mikroben trainieren unser Immunsystem 36
Probiotik aus der vollen Windel 45
Bakterien vom Apotheker 46

Kapitel 3
Düfte und Winde 49

Lockstoffe der Liebe 51
Micrococcus sedentarius – das Schweißfußbakterium 54
Wenn die Chemie nicht stimmt 56
Die Flatologie – keine anrüchige Wissenschaft 62

Kapitel 4
Vampire und Blutsauger 69

Die Kunst der Flohdressur 72
Lausen und Schmausen 76
Wanzen auf der Lauer 81
Wer hat süßes Blut? 84
Böcke im Gebüsch 87

Kapitel 5
Tierische Therapeuten 92

Humphrey Bogart und die «scheußlichen Teufel» 94
Blutegel als Mikrochirurgen 95
Heilfraß der Maden 101
Heilung durch Viren? 106

Kapitel 6
Vom Wahn, besiedelt zu sein 112

Horror vor Bazillen 114
Baden in Benzin 115
Mythen und Legenden 118
Draculas Vorbild 121

Kapitel 7
Tiere, die uns nahe stehen 123

«Ich krieg die Krätze» 125
Pilzfresser im Bett 126
Urtierchen auf dem Menschen 127
Pilze sind überall 133
Würmer als Weltenbürger 135

Kapitel 8
Mikroben unter Verdacht 137

Zwergbakterien im Nierenstein 140
Ein Virus, das traurig macht 141
Winzige Herzensbrecher 148
Das Comeback der Mikrobenjäger 152
Zu Hause auf dem Zahn 156

Kapitel 9
Krebs als Infektionskrankheit 161

Schweißausbruch nach Selbstversuch 162
Plagegeist mit guten Seiten 164
Gefährliche Saugwürmer 168
Krebs erzeugende Viren 169

Kapitel 10
Leben und leben lassen 178

Infektion ist nicht gleich Krankheit 179
Freund und Feind 182
Gefahren durch neue Keime 187
Fäulnis ist Leben 190
Mensch & Co – Leben als Joint Venture 193

Literatur 195

Glossar 201

Dank 205

Bildquellen 206

Register 208

Vorwort

Dieses Buch ist all jenen Lebewesen gewidmet, die mir nahe stehen. Dass dies für eine erstaunlich große Zahl winzig kleiner, mitunter liebenswürdiger Geschöpfe zutrifft, davon hatte ich bis vor kurzem keine Ahnung. Auf jede einzelne Körperzelle des Menschen kommen zehn Bewohner. Zu meiner Neugier, das kleine, aber auch das größere Leben auf dem Menschen näher kennen zu lernen, gesellte sich der für einen Autor glückliche Umstand, dass es darüber noch kein Buch gab.

Seltsamerweise wissen die Menschen mehr über die Tierwelt der Serengeti als über jene quickfidelen Wesen, die zu jedem Augenblick auf ihrem Körper hausen oder ihn regelmäßig aufsuchen. Den wenigsten Menschen ist bewusst, dass sie von Geburt an wandelnde Ökosysteme sind – und dass sie nur deshalb gedeihen können. Ärzte und Biologen beschäftigen sich aus nahe liegenden Gründen vor allem mit den Mikroorganismen in und auf unserem Körper, die Elend und Tod verbreiten. Doch nur eine verschwindende Minderheit aller Bakterien und eine überschaubare Schar von Mitbewohnern und Gästen verursachen Krankheiten und Seuchen; diese Erreger gehören nicht zur normalen Flora und Fauna des *Homo sapiens*.

Viele unserer Weggefährten sind harmlos und sogar nützlich; und doch fristen sie ihr Dasein im toten Winkel unserer Wahrnehmung. Diese Geschichte vom Leben auf dem Menschen möchte das ändern.

Hamburg, im März 2000   Jörg Blech

Kapitel 1
Wir sind besiedelt!

Als Neil Armstrong den Mond betrat, war das ein kleiner Schritt für einen Menschen – und ein großer für die Tierwelt. Eine unglaubliche Zahl winzigster Lebewesen wie etwa Milben, Amöben und Geißeltierchen war mit von der Partie. Die stillen Geschöpfe erlebten die aufregende Mondfahrt in und auf dem Körper des amerikanischen Astronauten. Sie waren Milliarden Jahre vor uns auf der Erde. Sie werden uns überleben. Bis dahin leben wir mit ihnen – und sie mit uns.

Der Mensch ist ein Ökosystem. In unserem Körper zählt man Hundertbillionen von Zellen. Rund 90 Prozent von ihnen sind aber nicht menschlichen Ursprungs, sondern gehören zu jenen Kreaturen, denen die Evolution den Menschen zugewiesen hat: als Nahrungsquelle und Schlafplatz, als Hochzeitsmarkt und Futterstelle, als Raststätte und Kreißsaal. Sie dachten, Sie seien ein Einzelorganismus? Wenn Sie diesen Satz zu Ende gelesen haben, sind Myriaden quicklebendiger Mikroorganismen auf und in Ihnen zur Welt gekommen.

Bakterien stellen das Gros: Allein auf der etwa zwei Quadratmeter großen Hautoberfläche eines Menschen leben so viele Mikroben wie Menschen auf unserem Planeten. In unseren Gedärmen bürgt ein ausgeglichenes Verhältnis der Mikroorganismen für unser Wohlbefinden. In unserer Mundhöhle schwimmt die friedfertige Amöbe *Entamoeba gingivalis*, und in den Poren unseres Gesichts gedeiht das harmlose Spinnentierchen *Demodex folliculorum*. Eine Schwäche für das Biotop Mensch haben auch Flöhe, Fliegen,

11

Mücken, Wanzen, Würmer, Urtierchen, Viren, Läuse, Egel, Zecken, Pilze. Manche der Geschöpfe leben in Regionen unseres Körpers, die wir selbst noch nie erspäht haben. Bakterien und Viren drangen einstmals in unsere Zellen und in unser Erbgut ein – längst sind sie mit uns verschmolzen.

Wir sind besiedelt! Ins Positive gewendet: Kein Mensch ist und war jemals allein. Das wirkt sich unweigerlich auf das Bild des Menschen aus. Wenn wir in unserem eigenen Körper nur eine Art unter Hunderten stellen, kann keine Rede mehr davon sein, *Homo sapiens* sei eine mächtige Spezies und Krone der Schöpfung. Falls Außerirdische jemals einen Menschen treffen sollten, würden sie ihn korrekt beschreiben als Ansammlung kleiner Lebewesen, die sich auf einem großen niedergelassen haben. Etwa so: «Die irdische Lebensform besteht aus 988 Spinnentieren, 100 000 000 000 000 (in Worten: hundert Billionen) Bakterien, 1 Mensch, etwa 70 Amöben und manchmal bis zu 500 Madenwürmern.»

Angesichts dieser Mehrheitsverhältnisse stellt sich die Frage, wer hier wessen Untertan ist. Hat der Mensch wirklich das Tier domestiziert? Oder haben Geschöpfe wie Amöbe und Milbe sich den Menschen als Lebensraum auserwählt und so von sich abhängig gemacht, dass er sie sogar mit zum Mond genommen hat?

Unsere Mikroorganismen sind nicht alles – aber ohne sie wäre alles nichts. Ein ausgewogenes Gleichgewicht zwischen unseren unsichtbaren Besiedlern und unserem Körper ergibt jenen Zustand, den wir Gesundheit nennen. Wird die Balance gestört, kann ein 0,000 000 000 000 01 Gramm leichtes Bakterium einen 100 000 Gramm schweren Menschen ins Jenseits befördern.

Um unseren Mitbewohnern Gutes abzugewinnen, braucht es wohl ein übernatürliches Maß an Objektivität. Und doch: Die überwältigende Mehrheit der Insekten, Spinnentiere und Mikroben auf und in uns ist weitgehend harmlos. Die Geschichte vom Leben auf dem Menschen, die hier erzählt werden soll, handelt folglich vor allem von Bewohnern, die sich gerade dann richtig wohl fühlen, wenn auch ihr Wirt putzmunter ist.

Erfolgreiche Arten leben zusammen

Leben kann niemals steril sein. Das beweisen Versuche mit Mäusen oder Ratten, die man in einer mikrobenfreien Kunstwelt großzieht. «Das keimfreie Tier ist im Großen und Ganzen eine elende Kreatur», so der amerikanische Wissenschaftler Theodor Rosebury. Das Immunsystem beispielsweise braucht den Kontakt mit Bakterien, um die körpereigenen Abwehrkräfte auszubilden und zu stärken. Die ungemein bunte Wohngemeinschaft «Mensch», in der immer etwas los ist, entstand im Laufe von zwei bis fünf Millionen Jahren. Was alles in dieser Zweck- und Nutzengesellschaft lebt und wie die Mitbewohner Ihr Dasein beeinflussen, erfahren Sie hier in wenigen Stunden.

Ganz wesentlich bestimmen die Mikroben das flüchtige Reich der Körperdüfte, ohne die unser Sozialverhalten nicht funktionierte (siehe Kapitel 3). Die meisten unserer Besiedler sind Symbionten. Das bedeutet: Wir nützen ihnen – und sie nützen uns. Ortsansässige Bakterien etwa bilden auf der Haut eine Schutzhülle, um schädliche Mikroorganismen abzuwehren. Im Darm wiederum regeln Bakterien für uns Teile der Verdauung und versorgen uns mit lebenswichtigen Vitaminen. Andere Wesen auf unserem Körper sind harmlose Tischgenossen, so genannte Kommensalen. Bei einer Kosten-Nutzen-Rechnung lohnte es sich nicht, sie hinauszuwerfen, also werden sie geduldet. Nur die wenigsten Bewohner ernähren sich direkt von uns und gelten als Parasiten. Aber auch sie sind meist harmlos, denn allzu gefährliche Schmarotzer zerstörten nur ihre eigene Lebensgrundlage, wenn sie dem Menschen nachhaltig Schaden zufügten. Also bevorzugt die Evolution unter den Nachkommen der Parasiten jeweils die ungefährlicheren Varianten: So werden Schädlinge zu Kommensalen und manchmal zu Symbionten und geben damit ein Beispiel für die sich stetig fortsetzende Koevolution. Wie vermessen es wäre, unsere Besiedler, Gäste und Besucher in «gut» und «böse» zu unterteilen, beweist ein Bakterium namens *Helicobacter pylori*. Es lebt im Magen und kann in seltenen Fällen bösartige Geschwulste verursachen, andererseits vergiftet es schädliche Eindringlinge (siehe Kapitel 9). Daran lässt sich ablesen, dass die Wechselbeziehung Mensch und Mikrobe einen hochkomplexen, dynamischen Gesamtorganismus prägt.

Dass wir ausgerechnet jene Mitgeschöpfe, die uns am nächsten stehen, beharrlich übersehen, mag an ihrer Farblosigkeit und Größe liegen. Eine Bazille ist ein durchsichtiges Wesen und 10^{17} (entspricht hundert Billiarden)-mal leichter als ein Mensch. Das winzigste Staubkorn in einem Sonnenstrahl, das wir mit bloßem Auge noch erkennen, misst ungefähr zwölf Mikrometer. Ein Bakterium üblichen Umfangs ist einen Mikrometer dick: Das entspricht dem tausendsten Teil eines Millimeters. Aber auch die sichtbaren Kreaturen im Lebensraum Mensch bleiben uns merkwürdig fremd. «Menschen neigen dazu, ihre eigene persönliche Struktur als ‹normal› zu betrachten und alles davon Abweichende als ausgesprochen komisch», schrieb einmal die englische Insektenkundlerin Miriam Rothschild. «Es fällt ihnen schwer, sich bewusst zu machen, dass Flöhe durch Löcher an der Seite atmen und dass sie ein Nervenbündel unter dem Magen haben und ein Herz auf dem Rücken.»

Das Leben auf dem Menschen birgt mehr Überraschungen und Geheimnisse als der dichteste Urwald. Schätzungsweise 99 Prozent der Viren und Bakterien auf unserem Körper sind nämlich noch gar nicht entdeckt, obgleich die Suche mit neuen Nachweismethoden auf vollen Touren läuft und eine Fülle faszinierender Erkenntnisse liefert: Manche unserer Bewohner – Viren in den Zellen unseres Gehirns – beeinflussen offenbar sogar unser Denken und Fühlen. Forscher am Berliner Robert-Koch-Institut sind einem Virus auf der Spur, das traurig macht (siehe Kapitel 8). Nur wenige Menschen sind sich bewusst, dass viele Krebsleiden im Grunde ansteckend sind. Bis zu 30 Prozent aller Tumorerkrankungen des Menschen gelten inzwischen als Spätfolgen einer Infektion (siehe Kapitel 9).

Eine Vielzahl anderer Volkskrankheiten wird ebenfalls durch Kleinstlebewesen begünstigt, die auf uns siedeln. Kleine, kugelige Bakterien, die man erst vor wenigen Jahren entdeckt hat und die in verkalkten Gefäßen hausen, gelten den meisten Ärzten heutzutage als Ursache für Hirnschlag und Herzinfarkt. Alzheimer, Nierensteine, Fettsucht, Asthma, Arthritis und multiple Sklerose könnten sich ebenfalls als ansteckende Krankheiten erweisen. Auch hier sind Mikroben aus dem Biotop Mensch unter Verdacht geraten (siehe Kapitel 8).

Dass die Krankheiten lediglich bei wenigen der infizierten Menschen ausbrechen, erscheint auf den ersten Blick paradox. Doch eine Ansteckung ist noch lange keine Krankheit. Tatsächlich sind wir ja auch an unseren gesunden Tagen mit Billionen von Mikroben «infiziert», die zu Hunderten verschiedenen Arten gehören. Mehr noch: Eine Ansteckung selbst mit potentiell tödlichen Keimen wie Cholerabakterien hängt von vielen Faktoren ab und verläuft bei jedem Menschen individuell (siehe Kapitel 10).

Obwohl ein Mikroorganismus allein noch keine Seuche macht, leben weite Kreise der Bundesbürger in großer Furcht vor den unsichtbaren Wesen und entwickeln einen krankhaften und mitunter krank machenden Wasch- und Hygienezwang. Und der so genannte Ungezieferwahn, eine seit kurzem auch unter jüngeren Menschen vermehrt auftretende Psychose, hat schon so manchen in psychiatrische Behandlung gebracht (Kapitel 6).

Erstes Opfer des um sich greifenden Sauberkeitswahns wurde in Deutschland der echte Menschenfloh. Eben noch begafftes Zirkustierchen, gehört er bei uns auf die Liste der vom Aussterben bedrohten Arten. Die Kleiderlaus, die erst vor vergleichsweise kurzer Zeit, in der Steinzeit, zu uns gestoßen ist, hat es zu Zeiten der Waschmaschine ebenfalls schwer. Auch wenn solche Mitbewohner in den Industriestaaten selten geworden sind, wäre es ein Trugschluss zu glauben, sie seien im globalen Maßstab auf dem Rückzug. Genetisch einzigartige Mückenstämme sind vor kurzem in der Londoner U-Bahn entstanden. Die Stechinsekten haben sich auf das Blut von Bahnreisenden und von Gleisarbeitern spezialisiert und noch nie das Licht der Sonne gesehen.

Die absolute Zahl unserer Besucher und Besiedler wächst mit

der Zahl der Menschen auf der Erde. Nur 10 000 Menschen gab es vor einer halben Million Jahren; mittlerweile sind es sechs Milliarden – ein Fest nicht nur für Flöhe. Vier von fünf Erdenbürgern teilen ihre Schlafstätte mit blutsaugenden Bettwanzen.

Unsere Besiedler profitieren von unserer sozialen Lebensweise, die ausgeprägt ist wie keine zweite im Tierreich. Seit 20 000 Jahren lebt *Homo sapiens* in größeren Gruppen, seit 12 000 Jahren in Siedlungen. Während um 1800 nur zwei Prozent der Menschen in Städten lebten, tut das heutzutage fast jeder zweite. Mikroben behagt Enge und Gedrängel. Mit dem Frohsinn greifen beispielsweise zur Karnevalszeit auch Bakterien und Viren um sich. Eine Studie in 600 Arztpraxen ergab: Rund um die Hochburgen Köln und Düsseldorf stieg während der tollen Tage 1999 der Anteil der Patienten mit viralen Atemwegserkrankungen sprunghaft von 15 auf 20 Prozent. Und am Aschermittwoch ist auch nicht alles vorbei – dann blüht der Herpes.

Die Lust mit den Lästlingen

Die Beziehungen und Wechselwirkungen zwischen uns und unseren Bewohnern und Gästen kennen die intimsten Spielarten. Wer zum Heilpraktiker geht, kann am eigenen Leib erfahren, dass die Lust am Egel ungebrochen ist. Der Blutsauger zeigt auch in der Schulmedizin neuen Biss. Als Assistent des Mikrochirurgen rettet er angenähte Finger, Ohren oder etwa Nasen (siehe Kapitel 5). Wir empören uns, wenn eine Mücke unser Blut trinkt, denn Körpersäfte sind das Geheimste, das wir austauschen können. Wenn wir die voll gesogene Mücke dann voller Rachsucht vernichten, haben wir einen Teil von uns selbst totgeschlagen, sagt der holländische Zoologe Midas Dekkers. Denn mehr als die Hälfte des Flecks auf der Tapete rührt von unserem eigenen Blut. Wir ekeln uns vor Schmarotzern, zur gleichen Zeit aber trinken wir die Milch verschiedenster Tiere. Krieger des afrikanischen Nomadenstamms der Massai zapfen Blut aus dem Hals lebendiger Watussirinder, mischen es mit Milch und ernähren sich davon. Die Massai rauben den Tieren dabei stets nur so viel Lebenssaft, dass sie den Aderlass problemlos überstehen.

Ötzi ertrug Peitschenwürmer namens *Trichuris trichiura,* die Durchfall und Bauchschmerzen verursachen können. Im Gepäck des mumifizierten Gletschermannes, der vor rund 5300 Jahren in den Ötztaler Alpen starb, fanden sich zwei walnussgroße Klumpen, die sich als Birkensporling *(Piptoporus betulinus)* erwiesen. Dieser Baumschwamm enthält natürliche Abführmittel und Öle, welche die Würmer abtöten. Offenbar nahm Ötzi den Sporling als natürliche Arznei gegen seine Darmbewohner.

Als hätten sie ihren Nutzen geahnt (oder weil sie mangels Sagrotan und Seife keine andere Wahl hatten), sind unsere Vorfahren mit ihren Bewohnern weitaus gelassener umgegangen als wir. Der englische Mönch Roger Bacon schliff im 13. Jahrhundert Glaslinsen für Brillen. Wenig später kam es in Mode, eine kleine Lupe bei sich zu tragen. «Flohgläser» nannte man die daumengroßen Metallrohre mit einer Linse am Ende. Noch zur Goethe-Zeit verstieß es nicht gegen die guten Sitten, sich auch in vornehmster Gesellschaft gegenseitig nach Ungeziefer abzusuchen und die winzigen Peiniger mit Pinzetten aus Elfenbein zu entfernen. Damals galten stark verlauste Herren als besonders potent, weil die Läuse angeblich die schlechten Säfte absaugten.

Als im 15. Jahrhundert ein Höfling dem französischen König Louis XI. (1423–1483) dezent eine Laus wegpickte, bemerkte der Monarch voller Güte, Läuse erinnerten Adlige daran, dass auch sie Menschen seien. Am nächsten Tag wollte sich ein anderer Günstling einschmeicheln. Er tat so, als habe er auf dem König einen Floh entdeckt. Offenbar war der König seiner Rolle bereits überdrüssig. Jedenfalls rief er: «Was! Hältst du mich für einen Hund, dass ich Flöhe haben soll? Aus meinen Augen!» Unter Ludwig XIII. (1601–1643) wurden Perücken populär, unter denen sich bald die Läuse nur so tummelten. Damals war das Leben mit dem

Ungeziefer so selbstverständlich, dass Stoffhändler ihre Kleiderstoffe als «flohfarben», «lausfarben» und «wanzenfarben» anpriesen. Mancher Galan in Frankreich fing den Floh seiner Liebsten und sperrte ihn in einen goldenen Käfig, den er sich um den Hals hängte. Der Lästling konnte sich durch die Gitterstäbe vom Blut seines neuen Herrn ernähren.

Die Fülle an Tierchen im französischen Hofstaat belustigte nicht jeden. So klagte der Gesandte des Herzogs von Ferrara in einem Brief über die vielen «Flöhe, Läuse, Wanzen und Fliegen», die ihm während seines Aufenthaltes auf dem neu erbauten und prächtigen Schloss zu Fontainebleau «gar keine Ruhe gegönnt hätten».

Bakterien siedelten schon vor 1,6 Millionen Jahren in den Mündern der menschlichen Vorfahren und entzündeten so manchem das Zahnfleisch. Als die ersten Menschen vor mehr als 10 000 Jahren in Nordamerika ankamen, brachten sie Sprache, Feuer, Faustkeile und Zelte aus Tierhäuten mit – und das winzige JC-Virus, das in ihren Nieren existierte. Heute untersuchen Wissenschaftler anhand des Virus, wie eng Indianer, Pygmäen, Europäer oder etwa Japaner miteinander verwandt sind. Das Virus wurde erstmals 1970 im Körper eines Menschen entdeckt, der die Initialen J. C. trug. Wissenschaftler vermuten, dass es schon auf den ersten Hominiden siedelte, denn es findet sich heute so gut wie auf jedem Menschen und evolvierte im genetischen Gleichschritt mit uns – zur Freude der Anthropologen.

Im Laufe von Jahrtausenden haben sich die JC-Viren nämlich gemeinsam mit verschiedenen Ethnien entwickelt. Statt Blutgruppen und Enzymvarianten untersuchen die Forscher das Erbgut der JC-Viren, um zu erkennen, wer mit wem verwandt ist. Praktischerweise lassen sich die winzigen Mikroben aus dem Urin gewinnen. Der JC-Virus-Stamm der heutigen Navajos ist beinahe identisch mit jenem der Bewohner Tokios. Und auch zu den Ureinwohnern der im Südpazifik gelegenen Insel Guam ergeben sich geringe Abweichungen. Grundverschieden von Navajo-Viren sind dagegen die JC-Viren der West- und Ostafrikaner sowie der Europäer.

Frau mit Flohfalle (1739). Die Fangvorrichtung wurde durch die 1727 erschienene Schrift *Die Neu-erfundene Curieuse Floh-Falle zu gäntzlicher Ausrottung der Flöhe* bekannt und bestand aus einer durchlässigen Büchse. In ihrem Innern befand sich ein mit Honig bestrichener Stempel, an dem der Floh kleben blieb.

Furcht vor dem Lande Liliput

Der Niederländer Antony van Leeuwenhoek (1632–1723) erfand Lupen, mit denen er als erster Mensch Mikroben sehen konnte. Die aufkommende Mikroskopie faszinierte die Menschen und diente der Zerstreuung: Könige und reiche Adelige beschafften sich die Vergrößerungsgeräte und staunten über die Welt des Winzigen, von der man bislang nichts geahnt hatte. Mitbewohner wie Flöhe und Läuse gehörten anfangs zu den beliebtesten Untersuchungsobjekten. Manche der Interessierten fühlten sich vom Lande Liliput nicht nur angezogen, sondern zugleich abgestoßen, wie Antony van Leeuwenhoek notierte:

> Ich beherbergte mehrere vornehme Damen in meinem Haus, die darauf versessen waren, die kleinen Älchen* im Essig zu sehen. Einige von ihnen waren derart angewidert von dem Schauspiel, daß sie gelobten, nie wieder Essig zu verwenden. Was möchte es nur für eine Wirkung haben, wollte man solcherlei Leuten erzählen, daß mehr lebendige Tierchen in dem Belag auf den Zähnen eines Menschen leben als Leute im gesamten Königreich?

Nicht nur von Mensch zu Mensch, sondern auch zwischen den Kulturen kennt der Umgang mit den kleinsten Mitgeschöpfen bis heute bemerkenswerte Unterschiede. Die amerikanische Medizinjournalistin Lynn Parker hat acht Jahre lang als Korrespondentin in Paris gelebt. In ihrem Buch «Andere Länder, andere Leiden» berichtet sie, wie erstaunlich verschieden Europäer und Amerikaner reagieren, wenn es um Bakterien geht. Franzosen bleiben gelassen. Übersteigerte Reinlichkeit schwächt nach Ansicht französischer Ärzte nur das Immunsystem. Sie warnen vor übertriebener Angst vor Unsauberkeit in Restaurants, bei der Wasserversorgung oder etwa in öffentlichen Toiletten. Auf die Gefahren in Sanitärbereichen angesprochen, antwortete ein Abteilungsdirektor des Institut National de la Santé et de la Recherche Médicale erstaunt: «Nennen Sie mir eine einzige Krankheit, die durch Toilettensitze übertragen worden wäre.» Tatsächlich ist das stillste meist auch das

---

* Gemeint sind Fadenwürmer (*Nematoden*)

sauberste Örtchen in einer Wohnung. Ein Beispiel: Der feuchte Spüllappen in der Küche enthält bis zu eine Million Mal mehr Bakterien als die Klobrille. Das ergab kürzlich eine Untersuchung, die in 15 amerikanischen Haushalten durchgeführt wurde.

Das dürfte Millionen von US-Bürgern in Angst und Schrecken versetzen. Wie in keinem zweiten Land der Erde glauben Amerikaner, Mikroben seien nur auf der Welt, um sie dahinzuraffen. Egal, ob US-Ärzte eine Krankheit nicht erklären können oder ob eine Behandlung nicht anschlägt – im Zweifel hat irgendein Virus Schuld. Nach Medienberichten über die angebliche Neuentdeckung eines Herpesvirus, des Epstein-Barr-Virus (EBV), stürmten 1984 viele Amerikaner, die unter typischen Grippesymptomen wie Abgeschlagenheit oder etwa Halsweh litten, die Arztpraxen und Kliniken. Der angeblichen «Seuche» gaben die Ärzte einen Namen: *Chronic Fatigue Syndrome* (Chronisches Müdigkeitssyndrom). Unter Hollywoods gestressten Schönen und Reichen wurde EBV zum Tick. «Eine mysteriöse Epidemie greift in Hollywood um sich», schrieb das «New York»-Magazin, «Drehbuchautoren, Schauspieler, Produzenten und Studiobosse erkranken gleichermaßen an Epstein-Barr, einem nicht tödlichen Syndrom, das tiefe Müdigkeit verursacht und für das es keine Heilung gibt.» Seltsam nur, dass die Seuche in Hollywood wütete, nicht aber in Haifa, Helsinki oder Hamburg. Denn mehr als 90 Prozent der Weltbevölkerung ist mit EBV infiziert. Das Virus hat also vermutlich seit Urzeiten einen natürlichen Platz im Biotop Mensch. Bekannt ist, dass das im Übrigen schon in den 60er Jahren entdeckte EBV zwar das Pfeiffersche Drüsenfieber auslösen und zu Grippesymptomen führen kann, doch die meisten Menschen spüren EBV schlichtweg nicht. Als im Gefolge einschlägiger Berichte die chronische Müdigkeit später dann auch vereinzelt in Europa grassierte, fanden die Ärzte dafür interessanterweise unterschiedliche, lokale Ursachen. Während französische Ärzte eher diffus auf Einflüsse der Erziehung tippten, machten ihre skandinavischen Kollegen Amalgam in Zahnplomben verantwortlich.

Was Mikroorganismen in und auf unserem Körper angeht, beweisen deutsche Ärzte Augenmaß. Antibiotika (sie töten Bakterien, nicht aber Viren) verschreiben sie meist nur, wenn eine Infektion nachweislich von Bakterien verursacht wird und wenn sie schwerwiegend ist. Für amerikanische Ärzte ist dagegen das Vorhandensein, manchmal sogar das *mögliche* Vorhandensein von Bakterien, schon Grund genug, Antibiotika zu verabreichen. Der Volkskundler Robert Abrahams sagt, jedes Volk kenne seine eigenen vermeintlich bösen Kräfte. «In einigen Gesellschaften sind das Hexen. Bei den Amerikanern sind es Bakterien.»

Die Phobie vor Mikroben spiegelt sich im ausgeprägten Bedürfnis der Amerikaner nach Reinlichkeit wider. Lynn Parker beschreibt die in den USA üblichen Ratschläge für den Fall, dass man in einem fremden Haus einem dringenden Bedürfnis nachkommen muss. Man sollte den Toilettensitz nicht berühren, die ersten Blätter des Klopapiers nicht benutzen, die Spülung mit dem Fuß statt mit der bloßen Hand betätigen und nach dem Händewaschen den Wasserhahn mit einem Papierhandtuch zudrehen.

Was den Amerikanern ernst ist, finden manche Europäer amüsant. Von allen Besuchern aus dem Ausland, die nach Frankreich kämen, lästerte einmal eine Französin, seien «die Amerikaner die Einzigen, die kein Wasser trinken, und wenn sie es doch tun, werden sie als Einzige davon krank».

Wer Angst vor Bakterien hat, hat damit auch Angst vor seinen *eigenen* Zellen. Mikroben sind nämlich ein Teil von uns: Menschliche Zellen entstanden durch die Fusion verschiedener Bakterien. Im Innern einer Menschenzelle finden sich noch heute kleinere, abgegrenzte, runde Strukturen – einst waren das eigenständige Bakterien. Die Geschichte begann vor ungefähr 1,4 Milliarden Jahren in irgendeinem Tümpel. Der Sauerstoffgehalt in der Atmosphäre stieg damals. Ein schnell schwimmendes Bakterium, das bereits zur Sauerstoffatmung übergegangen war, drang in eine andere Mikrobe ein, die noch anaerob lebte, also ohne Sauerstoff. Dem Wirt gelang es nicht, den Eindringling zu zerstören. Aus der Annektion wurde im Laufe der Zeit eine Lebensgemeinschaft zu beiderseitigem Nutzen: Der Wirt versorgte den Eindringling mit Nährstoffen; der Eindringling verlieh dem Wirt ein höheres Schwimmtempo und bot ihm eine Überlebensstrategie in der neuen Welt des Sauerstoffs. Mit der Zeit entstand aus dem erfolgreichen Mischwesen die erste Amöbe und dann – im Laufe der Evolution über Jahrmillionen und über viele Zwischenstufen – schließlich der moderne Mensch. Jeder von uns trägt in seinen Zellen Zeugen dieser frühen Symbiose. Sie heißen Mitochondrien und halten uns am Leben, weil in ihnen die Sauerstoffatmung stattfindet. Unsere Mitochondrien besitzen zwar noch ihr eigenes Erbgut, doch sie haben nach Milliarden Jahren des Zusammenlebens längst verlernt, selbständig zu existieren. Wie Organe im Körper arbeiten die Mitochondrien als so genannte Organellen in den Zellen.

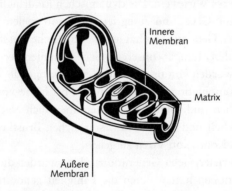

Mitochondrien finden sich in fast allen menschlichen Zellen. Sie sind die «Kraftwerke» der Zellen, weil sie in der Lage sind, Sauerstoff in Energie umzuwandeln. Ursprünglich eigenständig, wanderten sie im Lauf der Evolution in größere Bakterien ein.

Auch Chloroplasten sind nach dieser Endosymbiontentheorie entstanden. Die zur Fotosynthese fähigen Zellen sind Nachfahren kleiner Bakterien, die Sonnenenergie verwerten konnten. Das macht sie zu wichtigen Bestandteilen grüner Pflanzen.

Spuren im Erbgut

Selbst in unseren Genen haben Mikroben ihre Spuren hinterlassen. Ein Prozent unseres Genoms – immerhin 30 Millionen Bausteine der Erbsubstanz DNS – besteht in Wahrheit aus dem Erbgut verschiedenster Viren. Etwa 50 «humane endogene Retroviren» schlummern im Erbgut eines jeden Menschen. In grauer Vorzeit infizierten sie die Keimzellen unserer Ahnen. Unfähig, sich ohne fremde Hilfe fortzupflanzen, schleusten sie ihre Erbsubstanz in die Zellkerne ihres Wirtes ein. Die dynamischen Eindringlinge vervielfältigten ihre Gene und integrierten sie an vielen Stellen des menschlichen Genoms. Das hat unsere genetische Ausstattung bleibend verändert. Einige «unserer» Gene stammen vermutlich von Viren und wurden von uns vereinnahmt. Springende Viren haben neue Genkombinationen geschaffen, die bis heute vorteilhaft für den Menschen sind. Manche brachten aber auch Nachteile: Eine Bluterkrankheit und eine Form des erblichen Brustkrebses scheinen auf das Konto von Viren zu gehen.

Im Laufe vieler, vieler Generationszyklen wurden die Viren sesshaft. Mutationen hatten ihnen die Fähigkeit genommen, sich in einen neuen Wirt einzuschleusen. Die Viren strandeten irgendwo in unseren Chromosomen – und wurden zum festen Bestandteil des menschlichen Erbguts.

Ein noch weitgehend intaktes Virus haben Humangenetiker der Universitätskliniken des Saarlands in Homburg vor kurzem auf dem Chromosom Nr. 9 aufgespürt. Sie entdeckten es in DNS-Proben von 54 verschiedenen Ethnien aus Asien, Afrika und Europa.

Das Virus enthielt noch die meisten Gene, die es für seine Streifzüge benötigt. Möglicherweise surft es just in diesem Augenblick durch den Kern einer Ihrer Zellen.

Lebensraum Mensch

Fast scheint es, mit unseren Besiedlern verhielte es sich wie mit Kindern: Ohne sie wäre unser Dasein ärmer, dunkler und einsamer. Und ähnlich wie wir unsere Gene an die nächste Generation weitergeben, vererben Mutter und Vater dem Nachwuchs ihre persönliche Flora und Fauna. Bereits mit dem Durchtritt durch die Scheide nimmt das Neugeborene mütterliche Bakterien auf, die sich in den ersten Tagen rasch vermehren. Vom ersten Schrei an lassen die Mikroben uns nicht mehr allein. Sie haben sich eine Heimat ausgesucht, die vielfältiger nicht sein könnte, wie ein erster Blick in das Biotop Mensch zeigt: Die Mikroorganismen besiedeln beinahe sämtliche Bereiche unseres Körpers, die in Kontakt zur Außenwelt stehen. Damit ist jedoch nicht nur die Haut als Oberfläche und äußeres begrenzendes Medium gemeint, sondern auch etwa 400 Quadratmeter Schleimhaut. Mund, Magen oder etwa Darm sind eingestülpte Oberflächen und stoßen somit an das äußere Milieu. Die auf den inneren und äußeren Häuten siedelnden Mikroben bilden unsere normale oder physiologische Flora, die sich mit den Lebensjahren des Menschen verändert. Sie besteht aus 10^{14} Lebewesen. Damit kommen auf eine Menschenzelle (von denen 10^{13} unseren Körper bilden) zehn Siedler. Zu den heimischen, residenten Bakterien gesellen sich oftmals transiente Mikroben, die nur für eine begrenzte Zeit auf dem Menschen leben. Von *Absidia*-Bakterien bis zu *Wucheria bancroftii* finden sich Hunderte unterschiedliche Arten. Die Infografik auf Seite 26 gibt einen ausschnitthaften Überblick, wer wo wohnt.

Bakterien lieben es feucht. Weite Areale unserer **Haut**, etwa die

Der Mensch und seine Mikroben

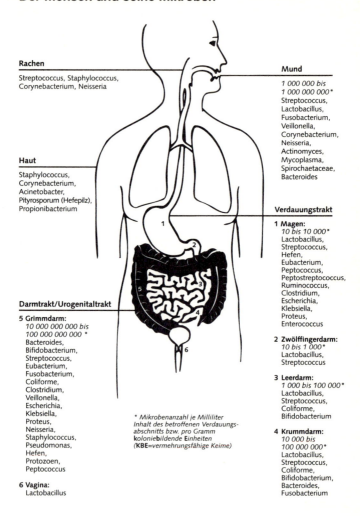

Rachen
Streptococcus, Staphylococcus, Corynebacterium, Neisseria

Mund
1 000 000 bis
1 000 000 000*
Streptococcus,
Lactobacillus,
Fusobacterium,
Veillonella,
Corynebacterium,
Neisseria,
Actinomyces,
Mycoplasma,
Spirochaetaceae,
Bacteroides

Haut
Staphylococcus,
Corynebacterium,
Acinetobacter,
Pityrosporum (Hefepilz),
Propionibacterium

Verdauungstrakt

1 Magen:
10 bis 10 000*
Lactobacillus,
Streptococcus,
Hefen,
Eubacterium,
Peptococcus,
Peptostreptococcus,
Ruminococcus,
Clostridium,
Escherichia,
Klebsiella,
Proteus,
Enterococcus

Darmtrakt/Urogenitaltrakt

5 Grimmdarm:
10 000 000 000 bis
100 000 000 000 *
Bacteroides,
Bifidobacterium,
Streptococcus,
Eubacterium,
Fusobacterium,
Coliforme,
Clostridium,
Veillonella,
Escherichia,
Klebsiella,
Proteus,
Neisseria,
Staphylococcus,
Pseudomonas,
Hefen,
Protozoen,
Peptococcus

2 Zwölffingerdarm:
10 bis 1 000*
Lactobacillus,
Streptococcus

3 Leerdarm:
1 000 bis 100 000*
Lactobacillus,
Streptococcus,
Coliforme,
Bifidobacterium

4 Krummdarm:
10 000 bis
100 000 000*
Lactobacillus,
Streptococcus,
Coliforme,
Bifidobacterium,
Bacteroides,
Fusobacterium

6 Vagina:
Lactobacillus

* Mikrobenanzahl je Milliliter Inhalt des betroffenen Verdauungsabschnitts bzw. pro Gramm koloniebildende Einheiten (**KBE**=vermehrungsfähige Keime)

Hundert Billionen Mikroorganismen siedeln auf den inneren und äußeren Häuten des Menschen. Damit kommen auf eine Körperzelle zehn Besiedler, von denen die allermeisten harmlose und nützliche Bakterien sind.

Schulterblätter, müssen ihnen wie Wüsten erscheinen. Gerade mal tausend Bakterien finden sich auf einem Quadratzentimeter trockener Haut. Im Gesicht und an den Ohren, auf der Kopfhaut, unter den Achseln, an den Genitalien, zwischen den Zehen und auf den Handflächen liegen dagegen die Oasen mit bis zu einer Million Bewohnern pro Quadratzentimeter. Viele Mikroben suchen die Nähe bestimmter Hautdrüsen und verwandeln deren Sekrete in die wundersamsten Gerüche (siehe Kapitel 3). Die Hautbewohner sind zählebig und lassen sich kaum fortwaschen. Zum Glück: Denn die normale Hautflora wehrt gefährliche Bakterien und Viren ab, die permanent auf uns landen.

Die **Mundhöhle** ist eines der komplexesten Biotope des Körpers, das unterschiedlichste Nischen enthält, sogar für Bakterien, die ohne Sauerstoff überleben. Obwohl der Speichel antibakterielle Substanzen enthält, gleicht der Raum zwischen Zähnen und Zunge einem Schlaraffenland für Mikroben: Es ist schön feucht und der Tisch meist reich gedeckt. Amöben, Geißeltierchen, Hefen und bis zu einer Milliarde Bakterien finden sich in einem Milliliter Speichel. Bei mangelnder Hygiene wuchern die Besiedler allerdings derart, dass sie schwefelige Giftgase bilden und Zahn sowie Zahnfleisch schädigen (siehe Kapitel 8, Seite 154). Während die Nase ebenfalls besiedelt ist, gehören Luftröhre und Lungen zu den sterilen Regionen des Körpers. Zwar gelangen immer wieder Mikroben in diese verbotenen Zonen, doch werden sie im gesunden Körper von verschiedenen Mechanismen der Abwehr schnell und effizient bekämpft. Ähnliches gilt auch für Keime, die in die sterile Blase einwandern wollen. Sie werden mit dem Harnstrahl fortgespült.

Mikroben, die mit der Nahrung verschluckt werden, landen im **Magen**. Die hier reichlich vorhandene Salzsäure tötet die meisten Bakterien ab. Offenbar finden sich in einem Milliliter Magensaft weniger als zehn Keime. Allerdings hat sich das schraubenförmige Bakterium *Helicobacter pylori* perfekt an diese lebensfeindliche Umwelt angepasst und haust in mehr als der Hälfte aller Menschenmägen. Etwas weiter unten, im **Dünndarm**, steigt die Zahl der Siedler rasant. In seinem hinteren Teil, dem *Ileum*, befinden sie sich in einer Konzentration von 10^9 pro Milliliter Flüssigkeit. Noch mehr Keime jedoch stecken im **Dickdarm**: Mit bis zu 10^{12} Lebewesen in einem Gramm Darminhalt dürfte dies der Ort mit der höchsten Einwohnerdichte der Welt sein. Im Grunde ist der Dickdarm ein gewaltiger Fermentationskessel. Unerhörte Geräusche und Gerüche entweichen aus ihm (siehe Kapitel 3). Das Funktionieren des Kessels ist für unser Wohlbefinden von immenser Bedeutung (siehe Kapitel 2). Bestimmte Bakterien verbrauchen den letzten Rest an Sauerstoff im Darm und schaffen damit beste Bedingungen für eine gigantische Schar anaerober Mikroben, die Sauerstoff nicht vertragen. Die Ernährungsweise beeinflusst die Mikrobengesellschaft: Wer viel Fleisch isst, der hat beispielsweise mehr *Bacteroides*-Arten und weniger *Lakto*bazillen als ein Vegetarier. Die Darmflora eines Neugeborenen bildet sich in den ersten Lebenstagen. Ein Baby, das gestillt wird, ist zunächst fast nur von *Bifido*bakterien besiedelt. Sobald sich der Speiseplan erweitert, wird die Darmflora des Kindes vielgestaltiger und jener eines Erwachsenen immer ähnlicher.

Zu den Funktionen der einzelnen Mikroben ist nur wenig bekannt. Aber die etwa 500 Arten arbeiten ohnehin im Team und bilden eine funktionelle ökologische Einheit. Die hat eine größere biochemische Aktivität als die Leber. Die Konstanz der Flora beeindruckt, wenn man bedenkt, dass regelmäßig Milliarden von Siedlern mit dem Kot ausgeschieden werden. Die Fäzes bestehen zu einem guten Drittel aus Bakterien. Doch wachsen in dem Kessel gerade so viele Keime heran, um den Verlust auszugleichen. Wehe aber, wenn man etwa durch Antibiotika den Darm eines Menschen regelrecht sterilisiert! Was dann alles passiert und wie wichtig und wohltuend Mikroben sein können, davon handelt das folgende Kapitel.

Kapitel 2
Die Gesundheitserreger

Das Baby wurde per Kaiserschnitt geholt und in einen Kasten gelegt, den die Ärzte Isolator nannten. In ihm war es schön warm, weich und vor allem sauber: Nicht eine Mikrobe lebte darin. Das Neugeborene brauchte keine Infektionen zu fürchten. Milch, die man ihm reichte, war ebenso steril wie die Luft, die es atmete. Dem Kind bekam das Leben unter der Schutzglocke jedoch sehr schlecht: Bald schwoll der Blinddarm schmerzhaft an und war voller Schleim. Der Dünndarm blieb von Anfang an verkümmert und träge. Die Gerinnung des Blutes funktionierte nicht. Als die Ärzte das Kind endlich aus dem Isolator befreiten, verschlechterte sich dessen Zustand noch. Es war ungemein anfällig für Infektionen und fieberte. Die Nase lief, die Rachenschleimhaut rötete sich, die Ohren schmerzten. Schlimmer Durchfall kam hinzu. Aber nach einigen Wochen ungeschützt in der Außenwelt überwand das Kind die Infekte und wurde schließlich so gesund wie seine Altersgenossen, abgesehen von einem Hang zu Asthma.

Dieses fiktive Beispiel zeigt: Wer in einer sterilen Welt aufwächst, leidet an einer Mangelkrankheit. Ihm *fehlen* jene Bakterien, die normalerweise unsere Haut und Schleimhaut besiedeln. Inwiefern unser Körper von Mikroben abhängt, das erforschen die Gnotobiologen. *Gnosis* hieß bei den alten Griechen «Erkenntnis» und *bios* bedeutete «Leben». Die Gnotobiologen haben zwar noch nie einen Menschen keimfrei aufgezogen, dafür aber viele aussagekräftige Versuche an Schweinen, Kaninchen, Mäusen und Ratten durchgeführt. Sie holen die Tiere per Kaiserschnitt aus der sterilen Fruchtblase und verfrachten sie sogleich in den Isolator, in dem sie dann gefilterte Luft atmen und abgekochtes Futter bekommen. Je nach Fragestellung werden die Versuchstiere mit einer oder mehreren Bakterienarten besiedelt, und man beobachtet, was passiert.

Noch bevor deutsche Wissenschaftler mit einer Arbeit über «Thierisches Leben ohne Bakterien im Verdauungskanal» im Jahre 1896 die Gnotobiologie begründeten, hatte Louis Pasteur die fundamentale Rolle der Mikroben in unserem Leben bereits erkannt. Um 1865 prophezeite der französische Chemiker zweierlei: Einerseits würden bestimmte Kleinstlebewesen schwere Krankheiten auslösen. Zum anderen seien die Winzlinge auch für die Existenz des Menschen generell notwendig: «Ohne Mikroben wäre das Leben nicht mehr lange möglich», erkannte Pasteur.

Ausgerechnet sein langjähriger Mitarbeiter und erster Nachfolger als Direktor am Institut Pasteur, der ukrainische Bakteriologe Ilja Iljitsch Metschnikow, sah das etwas anders. «Wir alle vergiften uns selbst durch die wilden Bazillen, die in unseren langen Gedärmen verwesen, das ist sicherlich eine Ursache verfrühter Arterienverkalkung, vorzeitigen Alterns», sagte der kauzige Wissenschaftler, der für seine Verdienste um die Immunologie gemeinsam mit Paul Ehrlich 1908 den Nobelpreis für Medizin bekam. Der Einwand, dass Elefanten einen sehr langen Darm haben und dennoch hundert Jahre alt werden können, focht Metschnikow nicht an. Seine sonderbare Theorie gipfelte in der Ansicht, ohne Dickdarm könne man 150 Jahre alt werden. Die letzten zwei Jahrzehnte seines Lebens ernährte Metschnikow sich von Sauermilch. Die darin enthaltenen Milchsäurebakterien hielt er für ein Mittel gegen seine natürlichen Mikroben. Er sagte: «Indem dieser Keim die Säure der sauren Milch erzeugt, verscheucht er die giftgeladenen wilden Bazillen aus dem Darme.»

Metschnikow starb im Alter von 71 Jahren und sein Beispiel zeigt, dass auch Nobelpreisträger sich mitunter gewaltig irren. Denn eines haben die vielen Experimente der Gnotobiologen klargemacht: Ein Mensch *ohne* eigene Bakterien wäre eine kümmerliche Gestalt. Unsere mikroskopisch kleinen Besiedler liefern uns lebenswichtige Vitamine und versorgen unsere Zellen mit Brenn- und Nährstoffen. Mit allerlei Tricks verhindern sie, dass sich andere, krank machende Mikroben auf unserem Körper, ihrer Heimat, niederlassen. Mehr noch: Kontakt mit Bakterien hemmt die Entstehung von Allergien und womöglich sogar von Krebs. Keinesfalls sind unsere Mikroben stumme Untermieter. Sie reden mit uns – und wir hören auf sie. Der Dialog läuft über Signalmoleküle und bürgt dafür, dass unser Körper gedeiht und unser Immunsystem richtig arbeitet.

Keime lassen uns gedeihen

Die Bakterien im Verdauungstrakt nehmen direkten Einfluss darauf, dass sich die Organe normal entwickeln. Bei keimfreien Ratten beobachten Gnotobiologen eine krankhafte Vergrößerung des Blinddarms. In ihm sammelt sich Schleim – den normalerweise Mikroben abbauen. Das bewiesen die Forscher, indem sie die keimfreien Ratten mit dem Bakterium *Peptostreptococcus micros* besiedelten. Nach kurzer Zeit hatten die Wesen den Schleim abgebaut, der Blinddarm schrumpfte auf eine gesunde Größe zurück.

Der Dünndarm keimfreier Tiere ist in seiner morphologischen Entfaltung ebenfalls gestört: Die Darmwand besteht normalerweise aus tiefen Einsenkungen (Krypten) und Ausstülpungen (Zotten). Diese Täler und Berge vergrößern die Oberfläche des Darms im Unterschied zu einem glatten Rohr auf das 300- bis 1600fache. Durch diesen genialen Trick der Natur stehen mehr als 100 Quadratmeter zur Verfügung, um die Nahrung zu verdauen. In den dunklen Weiten des Dünndarms finden sich bis zu 1 000 000 000 Bakterien pro Milliliter Darminhaltes. Und diese Mikrobenflora fördert die Ausbildung der Krypten. In keimfreien Tieren dagegen entwickeln die Krypten sich nicht ausreichend und bleiben zu flach.

Ein leuchtendes Beispiel, wie eine Mikrobe die Entwicklung ihres Wirts durch Signale steuert, liefert das Bakterium *Vibrio fischeri*, das Licht aussenden kann. Es besiedelt als einzige Spezies eine Tintenfischart im Pazifik. Beide Parteien profitieren von der marinen Symbiose: Der Tintenfisch überlässt Millionen von Bakterien ein Zimmer (das Leuchtorgan), in dem der Tisch stets gedeckt ist. Im Gegenzug leuchten die Bakterien nachts. Das Licht besitzt just die Wellenlänge des Mond- und Sternenlichts und tarnt den Tintenfisch so vor gefräßigen Meerestieren. Der Tintenfisch kommt unbesiedelt auf die Welt und muss sich die Bakterien aus dem Seewasser fischen. Dazu dienen ihm zwei Anhängsel, die übersät sind mit winzigen Ärmchen. Sie wedeln die Bakterien in das Leuchtorgan, wo sie sich rapide vermehren. Bereits vier Tage nach geglückter Besiedlung sind die Ärmchen-Zellen abgestorben – offenbar auf Geheiß der Bakterien. Und innerhalb weniger Wochen veranlasst *Vibrio fischeri* in seinem Zimmer Umbauarbeiten: Eine Linse und ein Reflektor entstehen, die das Licht modifizieren. Dass die Leuchtbakterien für die morphologischen Veränderungen des Tintenfisches verantwortlich sind, hat die Biologin Margaret McFall-Ngai von der Universität Hawaii vor kurzem beweisen können: Tintenfische, die in Wasser ohne Bakterien aufwachsen, verlieren ihre Ärmchen nie und können das Leuchtorgan nicht voll entwickeln. *Vibrio fischeri* erteile die Kommandos in Form biologisch aktiver Substanzen, vermutet die Biologin. Ein bakterieller Giftstoff bewirke das Absterben der Ärmchen-Zellen. Margaret McFall-Ngai geht davon aus, dass die Mikrobenflora des Menschen auf ihren Wirt ähnliche Effekte ausübt. «Wir haben in unserem Denken noch nicht verankert, dass Bakterien notwendig sind», konstatiert die Entwicklungsbiologin. «Und wir müssen verstehen, wie sie daran beteiligt sind, den menschlichen Körper gesund zu erhalten.»

Unsere Mikroorganismen sind vor allem ein Schutzschild gegen fremde Erreger. Wenn man beispielsweise seine Hautflora mit Antibiotika schwächt, dann erobern Hefepilze flugs die frei gewordenen Nischen und wuchern an intimsten Stellen. Unentwegt landen gefährliche Viren und Bakterien auf uns. Dass aus diesen unerwünschten Besuchern fast nie gefährliche Dauergäste werden, ist das Verdienst unserer Besiedler. Denn überall, wo Fremdlinge und Irrläufer aus anderen Körperregionen an Bord kommen wollen, sitzt schon ein Alteingesessener und gibt zu verstehen: «Tut mir Leid, aber hier ist besetzt!» Keimfreie Tiere im Laborversuch dagegen sind anfällig gegenüber schädlichen Eindringlingen.

Unsere Mikroben können sehr rabiat werden, wenn sie ihr Zuhause verteidigen. Blicken wir auf eine Stelle des Körpers, die man selbst nicht einsehen kann: Jeden Tag kommen Millionen von Bakterien aus dem Darm, und viele bleiben neben dem Ausgang kleben. Nach zwei Stunden sind sie verschwunden – vernichtet von den einheimischen Hautbakterien. Sie erfüllen die Aufgaben einer Hygiene-Polizei, die uns sauber und gesund hält. Schrubbt man sie weg, dann rücken schädliche Mikroben nach und bewirken Juckreiz und Ekzeme. Das spüren Tausende Bundesbürger, die unter krankhaftem Waschzwang leiden (siehe auch Seite 113).

Die Vagina wiederum ist das Reich der nach einem Münchner Gynäkologen benannten Döderleinschen Scheidenbakterien, zu denen *Lactobacillus acidophilus* und verwandte Arten gehören. Sie werden von der Menarche bis zur Menopause gezielt vom Körper der Frau mit dem Energiestoff Glykogen versorgt, den sie dann folgsam zu Milchsäure vergären. Dadurch schaffen die Döderleinschen Bakterien ein saures Milieu. Zum Wohle der Frau: Keime von außen gehen in der Säure zugrunde.

Umsichtige Frauenärze testen bei schwangeren Frauen deshalb den pH-Wert in der Scheide. Hat sich der Wert von sauer (pH 4,0 bis 4,4) nach alkalisch (größer als pH 7) verschoben, ist das ein Hinweis auf eine Invasion unerwünschter Bakterien, die eine Frühgeburt auslösen können. Die Fremdlinge geben Stoffe ab, die vorzeitige Wehen bewirken und die Fruchtblase zum Platzen bringen können. Wer wegen solch einer «aufsteigenden Infektion» schon ein Kind verloren hat, trägt ein Wiederholungsrisiko von 60 Prozent. Helfen können Vaginaltabletten mit Vitamin C (Ascorbinsäure): Sie stellen das saure Milieu wieder her – zur Freude der Döderleinschen Bakterien und der werdenden Mutter.

Der bereits erwähnte Magenkeim *Helicobacter pylori* verteidigt uns sogar mit Gift gegen Eindringlinge. Wie Forscher des schwedischen Karolinska-Instituts in Stockholm vor kurzem feststellten, produziert *Helicobacter* ein Eiweiß, das andere krankheitserregende Bakterien vernichtet. Auch unsere Darmbewohner können antibiotisch wirksame Substanzen herstellen – das zumindest haben Versuche in Kulturschalen gezeigt. Ein weiterer Kniff der Bakterien, Fremde zu vergraulen, ist die Herabsetzung des so genannten Redoxpotentials im Dickdarm. Das Redoxpotential ist ein Maß für die freie Energie biochemischer Reaktionen. Je niedriger es liegt, desto schwerer fällt es ungebetenen Besuchern, dauerhaft auf uns Fuß zu fassen.

Ankömmlinge im Lebensraum Mensch stellen zudem enttäuscht fest: Jene, die hier zu Hause sind, haben alle Nährstoffe bereits unter sich verteilt; *Interferenz* nennen Mikrobiologen diesen Schutzmechanismus durch Fresskonkurrenz. Außerdem sind alle Betten belegt. Von den 400 bis 500 Bakterienarten, die allein in unserem Darm hausen, hält jede ihre spezifische ökologische Nische besetzt. Viele der Dauerbewohner haften fest an unseren Darmzellen. Sie blockieren damit die begehrten Rezeptoren für andere. *Tropismus* heißt die Konkurrenz um die Rezeptoren des Wirts. Das Gerangel um die begehrten Plätze muss fürchterlich sein: Bis zu eine Billion Bakterien ballen sich auf einem Milliliter Darminhalt.

Die enorme Zahl bedeutet keineswegs, im Darm herrschten für Bakterien ausnahmslos paradiesische Zustände. Sie leben in einem offenen Ökosystem und müssen stets auf der Hut sein, nicht fortgerissen zu werden. Denn Bakterien, die einen Platz an der Darmwand ergattern konnten, wird pausenlos sprichwörtlich der Boden unter den Füßen weggezogen. Eine Epithelzelle im Dünndarm lebt im Durchschnitt nur 1,4 Tage, bevor sie durch eine neue ersetzt wird. Die Masse abgestorbener Epithelzellen und die auf ihnen angesiedelten Bakterien, die jeden Tag abgestoßen werden, wiegt schätzungsweise 250 Gramm. Mehrmals am Tag bringen peristaltische Wellen den Darm in Bewegung und wirbeln das Universum der Mikroorganismen jedes Mal tüchtig durcheinander. Die Besiedler prallen auf feindlich gesonnene Keime und werden in ätzende Säfte aus Magen, Galle und Bauchspeicheldrüse getaucht. Völlig unberechenbar sind die Essgewohnheiten des menschlichen Wirts, der ihnen mitunter giftige oder schwer verdauliche Brocken hinwirft. Besonders in der angeblich schönsten Zeit des Jahres, im Urlaub, blüht unseren Darmbakterien so manch böse Überraschung. In südlichen Gefilden treffen sie oft auf weniger gemütliche Stämme von *Escherichia coli*. Die einheimische Bevölkerung hat oftmals eine gute Immunabwehr gegen diese so genannten enterotoxischen Varianten, die sich in Salaten, lauwarmen Gerichten und in rohem Fleisch verbergen. Der arglose Tourist aus Deutschland ist dagegen ein unvorbereitetes Opfer. Die aggressiven *E. coli* heften sich an die Zellen des Dünndarms und produzieren toxische Proteine, die einen rapiden Verlust an Flüssigkeit bewirken. Die zweitwichtigsten Erreger von Übelkeit und Reisedurchfall sind die stabförmigen Bakterien der Gattung *Shigella*. «Montezumas Rache» fängt sich jeder zweite Bundesbürger ein, den es in die Tropen und Subtropen zieht, aber in Wahrheit trifft es unsere normalen Magen- und Darmkeime: Fern der Heimat werden sie in eine ungewisse Zukunft gespült.

Dialog von Bazille zu Mensch

Unsere Bakterien haben Wege gefunden, uns auf ihre Wünsche aufmerksam zu machen. Sie schicken Botenstoffe in unsere Darmzellen, verändern deren Entwicklung und den ursprünglichen Stoffwechsel und sichern sich dadurch vorteilhafte Nischen. Diesen faszinierenden «Cross Talk» zwischen Mensch und Mikrobe haben Forscher aus Stockholm und St. Louis 1996 bei *Bacteroides the-*

taiotaomicron belauscht. Als sie den in Maus und Mensch vorkommenden Darmsiedler in keimfreie Tiere einführten, schaltete der in den Epithelzellen des Dünndarms sogleich die Produktion so genannter Glykokonjugate ein, die Bakterien als Nahrung und Rezeptoren dienen. Für diesen Befehl muss *B. thetaiotaomicron* nicht einmal an die Zelle docken. Offenbar gibt er das Kommando in Form eines wasserlöslichen Botenmoleküls. Dieses gelangt wiederum an oder in die Epithelzelle und veranlasst die Herstellung der gewünschten Stoffe. Davon profitieren andere Mikroben: *Bifidobacterium infantis* hätte allein große Schwierigkeiten, einen keimfreien Darm zu besiedeln. Wenn aber *B. thetaiotaomicron* schon da ist, dann schafft es durch die biochemischen Aktivitäten ein Milieu, in dem nun auch *B. infantis* leben kann. Unsere Bakterien kolonisieren uns also in einer gesetzmäßigen Abfolge. Die erste Bakterienart manipuliert die Wirtszelle zum eigenen Vorteil. Mit ihren Stoffwechselprodukten verändert sie das Habitat Darm, wodurch sich eine zweite Welle von Keimen ansiedeln kann. Die wiederum verändert das Biotop abermals und bereitet die Grundlage dafür, dass sich eine dritte Spezies niederlässt. Der Prozess, der in vielen Schritten abläuft, kommt auch bei Pflanzen vor, die ein Stück Ödland besiedeln. Die Botaniker nennen es Sukzession: Die einjährigen Pionierpflanzen wurzeln zuerst; sie werden bald durch mehrjährige Stauden und Gräser bedrängt, die schließlich langlebigen Bäumen Platz machen müssen. Zum Schluss ist ein artenreicher Wald herangewachsen.

Mikroben trainieren unser Immunsystem

Der größte Nutzen von Bakterien liegt darin, dass sie unser Immunsystem auf Trab halten. Ohne diese Stimulation könnte es sich nämlich nicht richtig entwickeln. Das beweisen Experimente, die an keimfreien Tieren vorgenommen wurden: Sie haben verkümmerte Lymphknoten, eine verkleinerte Milz und bestimmte Immunzellen in der Nähe des Darms reifen nicht richtig heran. Entlässt man eine solche keimfreie Kreatur aus dem Isolator, dann wird sie zunächst von schweren Infektionen geplagt. Wenn man die Tiere aber mit ihrer normalen Darmflora kolonisiert, lernt das Immunsystem doch noch, wie es zu funktionieren hat – die Infekte nehmen ab.

Unsere Mikroben trainieren das Immunsystem, indem sie es stimulieren. Auf molekularer Ebene bedeutet das: Bakterielle Moleküle durchdringen die oberste Zellschicht unseres Darms, werden als *fremd* erkannt und rufen eine erstaunliche Immunantwort hervor. Einerseits entstehen im lokalen Abwehrsystem des Darms erwartungsgemäß Antikörper. Sie werden in das Lumen des Darms abgegeben, wo sie die krank machenden Keime attackieren. Andererseits werden bestimmte abwehrende Funktionen des Immunsystems durch den Kontakt mit unseren Bakterien *unterdrückt*. Dadurch toleriert es etwaige Antigene aus der Nahrung und auch unsere Darmbesiedler. Dieser *oralen Toleranz*, deren Mechanismus noch unverstanden ist, verdankt der Mensch, dass er überhaupt Nahrung, die ja voll fremder Stoffe und Mikroben ist, zu sich nehmen kann. Drittens führt die ständige Präsenz von Mikroben anscheinend zur Bildung so genannter *natürlicher Antikörper*. Sie kommen im Blut gesunder Menschen vor und erkennen eine Vielzahl fremder Stoffe.

Keime schützen vor Krebs

Infektionen mit Bakterien und Viren schützen womöglich sogar vor Krebs. So jedenfalls lautet das Fazit einer 1999 veröffentlichten Studie, die Klaus Kölmel von der Göttinger Universitätshautklinik mit Kollegen aus sieben Ländern durchgeführt hat. Die Wissenschaftler erforschten das maligne Melanom. Diese braunschwärzlich gefärbte Pigmentgeschwulst heißt auch Schwarzer Hautkrebs. Sie wuchert meistens auf der Haut, aber auch auf Augen und inneren Organen und führt im fortgeschrittenen Stadium nach wenigen Monaten zum Tod. Kölmel und seine Kollegen machten zunächst in Sofia, Wien, Dresden, Verona, Tallinn und sechs weiteren Städten 603 Menschen ausfindig, die am Schwarzen Hautkrebs erkrankt waren.

Dann suchten die Wissenschaftler 627 gesunde Menschen als Vergleichsgruppe, die in der Nachbarschaft der Erkrankten lebten und in puncto Risikofaktoren, etwa der Sonnenexposition, gleichen Bedingungen ausgesetzt waren. Geschulte Interviewer fragten die Kranken und ihre gesunden Nachbarn: Hatten sie jemals eine gravierende Infektion wie Tuberkulose, Furunkel, Entzündung der weiblichen Brustdrüsen oder Hepatitis? Die Fragesteller wollten wissen, ob die Befragten in den vergangenen fünf Jahren leichtere fiebrige Infektionen wie Bronchitis, Grippe oder etwa Durchfall erlebt hatten. Um zuverlässige Daten zu erhalten, wurden ausschließlich Krankheitsepisoden gezählt, die nachweislich mit Fieber einhergegangen waren.

Die statistische Auswertung der Daten ergab: Die gesunden Nachbarn hatten in ihrem Leben mehr bakterielle und virale Infektionen durchgemacht als die Melanom-Patienten. Eine überstandene Mikrobenattacke stärkt demnach die Abwehrkräfte und bietet möglicherweise auch einen größeren Schutz vor Hautkrebs. Dieser Zusammenhang zeigte sich in beiden Versuchsgruppen: In der Gruppe derjenigen, die in ihrem Leben eine schwere Infektion gehabt hatten, war die Melanom-Rate deutlich niedriger als bei den Menschen, die von solchen Infektionen verschont geblieben waren. Aber auch leichtere bakterielle und virale Entzündungen, bei denen das Fieber nicht über 38,5 Grad Celsius stieg, schienen das Melanom-Risiko zu mindern. Die heilsame Wirkung von Infektionen hängt der Studie zufolge direkt zusammen mit der Dosis der Keime. Je mehr Infektionen ein Mensch hat, desto geringer liegt die Wahrscheinlichkeit, jemals an einem Melanom zu erkranken.

«Die Auseinandersetzung mit Keimen trainiert das Immunsystem und eine geübte Abwehr erkennt eher Krebszellen», interpretiert Klaus Kölmel die Zahlen. Für die Attacke auf die Krebszellen halten die Wissenschaftler folgenden Mechanismus für denkbar. Wenn man eine fiebrige Infektion durchmacht, dann wird eine komplexe Abwehr angeschoben. Etliche Signal- und Alarmstoffe des Immunsystems zirkulieren durch den Körper. Das führt dazu, dass Melanom-Zellen eine erheblich größere Zahl bestimmter Erkennungsmoleküle (so genannte Hitzeschockproteine) auf ihrer Oberfläche präsentieren als sonst. Dadurch werden die Krebszellen enttarnt, vom eigenen Immunsystem erkannt, und zerstört.

So vertrackt die molekularen Details sind, so faszinierend ist die Schlussfolgerung der Studie: Der Kontakt mit Keimen schützt vor Krebs. Das gilt anscheinend auch für andere Tumorarten. Arbeiter in Viehställen atmen an ihrem Arbeitsplatz Luft ein, die winzigste Bakterienpartikel enthält. Italienische Epidemiologen haben vor kurzem festgestellt: Je länger die Arbeiter der mikrobenhaltigen Luft ausgesetzt waren, desto kleiner wurde das Risiko, an Lungenkrebs zu erkranken. Neben der Prävention und Stärkung des Immunsystems gegen Krebserreger stellt sich die Frage, ob in Zukunft bestimmte Tumorformen womöglich mit einer Arznei aus Mikroben therapierbar werden. Einen Versuch unternahm bereits 1892 der New Yorker Chirurg William B. Coley. Er behandelte Patienten, deren Bindegewebe bösartig wucherte und die nicht mehr zu operieren waren, mit einer eigentümlichen Mixtur. Sie enthielt abgetötete Streptokokken, die normalerweise eine flammende Rötung in Gesicht oder Haut verursachen, und *Serratien*, eine weitere Bakterienart. «Coley's Toxine» nannte er das Therapeutikum, das es in sich hatte. Innerhalb einer Stunde nach der Injektion packte den Krebskranken Schüttelfrost, dann ereilte ihn Fieber von bis zu 40 Grad. Soweit es der Zustand des Schwerkranken erlaubte, wurde die peinigende Prozedur jeden Tag wiederholt. Unter 104 Behandlungen sprachen 38 Patienten zwar überhaupt nicht an. Bei allen anderen jedoch gingen die Krebssymptome deutlich zurück. Viele dieser positiven Fälle ließen sich leider nicht länger als fünf bis zehn Jahre dokumentieren, weil der Kontakt mit den Probanden abgerissen war. Bei 22 Menschen immerhin konnten sich die Ärzte zwei Jahrzehnte nach der Behandlung erkundigen: Alle Befragten waren noch immer vom Krebs geheilt.

Mit William B. Coleys Tod im Jahre 1936 geriet sein Bakteriencocktail in Vergessenheit. Die Onkologen bevorzugten die viel versprechende Strahlen- und Chemotherapie zur Krebsbekämpfung. Doch einen Durchbruch haben diese Therapieformen nicht gebracht. Nicht zuletzt deshalb erinnern sich Krebsärzte jetzt wieder an das Heilpotential der Mikroben. Japanische Mediziner berichteten 1996, Bestandteile des Bodenkeims *Nocardia rubra* übten einen günstigen Effekt auf den Krankheitsverlauf aus. Der Studie zufolge verhinderten Partikel der Mikrobe bei Menschen, die zuvor in einer Giftgasfabrik gearbeitet hatten, den Ausbruch von Lungenkrebs.

Ein bisschen Dreck schadet nicht

Auf die Heilkraft von Erdbakterien vertraut auch Stephen Holgate von der Universität in Southampton. Die Gruppe um den englischen Professor hat einen Asthma-Impfstoff aus toten Bodenmikroben hergestellt und bereits mit Erfolg getestet. Die Zuhörer waren beeindruckt, als Holgate das Ergebnis seiner Studie im September 1999 auf dem Kongress der Britischen Wissenschaftsgesellschaft in Sheffield vorstellte: Bei 66 Prozent der Behandelten besserten sich die Beschwerden, nachdem man ihnen den neuen Impfstoff gespritzt hatte. Die Ärzte konfrontierten insgesamt zwölf Probanden vor und nach der Impfung mit den Ausscheidungen von Hausstaubmilben, einem potenten Allergieauslöser. Das Gleiche mussten zwölf andere Asthmatiker über sich ergehen lassen. Zur Kontrolle erhielten sie eine Injektion ohne Impfstoff. Ihr Zustand besserte sich nicht. Nun wollen die Wissenschaftler den Stamm ihres Impfbakteriums, den sie «SLR 172» nennen, gentechnisch verbessern.

Dem Ansatz liegt die so genannte Hygiene-Hypothese zugrunde. Ihr Motto: Ein bisschen Dreck ist gesund. Umgekehrt besagt sie: Kinder, die wenig Kontakt mit Bazillen und Viren haben, erkranken häufiger an Asthma, Heuschnupfen, Neurodermitis und anderen allergischen Krankheiten. Noch nie war es hierzulande so sauber wie in den vergangenen 30 bis 40 Jahren. Und genau in diesem Zeitraum sind die Allergieraten rasant gestiegen. Babys mit Neurodermitis bevölkern die Arztpraxen. Der Anteil Heuschnupfen geplagter Kinder kletterte binnen 25 Jahren von 4 auf 10 Prozent. Ähnlich verlief die Kurve bei anderen Allergien. Auch der Vergleich von Asthmaanfälligkeit unter 13 bis 14 Jahre alten Kindern stützt die Hygiene-Hypothese. Die Erkrankungshäufigkeiten liegen im indischen Akola (1,6 Prozent), im indonesischen Bandung (2,1 Prozent) und im albanischen Tirana (2,6 Prozent) deutlich niedriger als in Greifswald (13,3 Prozent) und Münster (14,1 Prozent).

Abgesehen von Asthma sind Kinder in den Ländern der Dritten Welt allerdings deutlich kränker als ihre Altersgenossen in Deutschland. «Weil du arm bist, musst du früher sterben» – der Titel des 1965 verfilmten Romans des österreichischen Autors Hans Gustl Kernmayer gilt aber nicht nur zwischen Süd und Nord, sondern ebenso zwischen den Bevölkerungsgruppen in Deutschland. Egal, ob Karies, Diabetes, Fettsucht oder Herzleiden, ein sozialer Gradient spaltet bis heute unsere Gesellschaft in eine gesunde Oberschicht und eine krankheitsanfälligere Mittel- bis Unterschicht. Einzige Ausnahme bilden Allergien: Hier scheinen Einzelkinder und Erstgeborene aus begütertem Elternhaus, die nicht in den Kindergarten gehen, anfälliger zu sein als Sprösslinge aus der Arbeiterklasse.

Schnupfennasen und Schilder am Eingang, die auf Scharlachausbruch und Läusebefall hinweisen, verraten es: Kindergärten sind Tauschbörsen für Viren, Bakterien und anderes Getier. Je früher man sein Kind in solch einen Hort der Keime gibt, desto wahrscheinlicher ist es, dass es später von Heuschnupfen oder Neurodermitis verschont bleibt. Das besagt auch eine 1998 veröffentlichte Studie von Epidemiologen aus Düsseldorf und München. Sie untersuchten 2471 Kinder zwischen 5 und 14 Jahren aus den Städten Zerbst, Bitterfeld und Hettstedt in Sachsen-Anhalt. Die Art und Häufigkeit der Allergien ermittelten die Forscher mit Fragebögen und Hauttests. Rund ein Viertel der Kinder waren Einzelkinder. Die geringste Neigung zu allergischen Reaktionen fand sich bei jenen, die schon im Babyalter von 6 bis 11 Monaten eine Tagesstätte besucht hatten. Wer mit 12 bis 23 Monaten in die Krippe kam, trug ein doppelt so hohes Risiko. Und die erst mit 2 Jahren oder später aufgenommenen Kinder litten später statistisch gesehen sogar 2,7-mal so oft an allergischen Beschwerden. Bei Kindern aus großen Familien, in denen sich die Geschwister untereinander mit Viren und Bazillen anstecken, konnten die Epidemiologen das Phänomen nicht beobachten. Für manche Kinder ist die Welt also zu steril geworden.

Mit Bakterien gegen Allergien

Mehr als 99 Prozent seiner Geschichte, also ungefähr vier Millionen Jahre lang, saß, schlief und stand *Homo sapiens* mehr oder weniger im Dreck. Er konnte nur überleben, weil er ein ungemein ausgeklügeltes und schlagkräftiges Immunsystem entwickelte. Über die wichtigsten Bestandteile des archaischen Immunsystems verfügt heutzutage jedes Menschenbaby bei seiner Geburt. Allerdings muss es sein Immunsystem noch trainieren: Die normale Flora im Verdauungstrakt, aber auch pathogene Mikroorganismen sind die Sparringpartner. Wenn aber der Kontakt mit Keimen eingeschränkt ist, dann haben vor allem die so genannten T-Helferzellen ein Problem. T-Helferzellen (Th-Zellen) spielen bei fast allen Immunantworten eine wichtige Rolle und sie kommen in zwei Formen daher: Nummer 1 und Nummer 2. Wenn eine Th1-Zelle durch eine Mikrobe stimuliert wird, dann helfen bestimmte Immunzellen bei der direkten Zerstörung infizierter Körperzellen. Th2-Zellen dagegen helfen anderen Immunzellen, Antikörper (IgE) herzustellen. IgE wiederum bewirkt eine ganze Kette von Reaktionen, die es noch anderen Mitstreitern der Körperabwehr ermöglicht, rasch an den Ort der Entzündung zu gelangen.

Geht es aber um Allergien, dann verheißt IgE nichts Gutes: Es kann nämlich im Immunsystem eine Art Lawine ins Rutschen bringen – Überreaktionen gegen Pollen oder Milbenkot sind die Folgen. Augen und Nase schwellen zu. Die Haut juckt. Ödeme entstehen. Die Bronchien verengen sich, sodass man nach Luft ringt. Ob die Lawine losdonnert, ob ein Mensch allergisch reagiert, darüber scheint die Balance zwischen Th1-Zellen und Th2-Zellen zu bestimmen. Vermutlich gibt es in frühester Kindheit ein Zeitfenster, in dem sich entscheidet, wie sich das Immunsystem entwickelt und ob ein Mensch Allergiker wird oder nicht. Wenn die Th1-Zellen durch Viren, Bakterien und Würmer in dieser Phase ausreichend stimuliert werden, dann bremsen sie zur gleichen Zeit die Ausbreitung von Th2-Zellen – und damit die IgE-Freisetzung. Diese Unterdrückung der IgE-Produktion vermeidet dann bis ins Alter den Ausbruch von Allergien.

Die heilsamen Einflüsse unserer Mikroben auf die Entwicklung einzelner Organe und das Immunsystem sind beileibe nicht alles, was die unsichtbaren Siedler für uns tun. Die Darmbewohner verdienen hier erneut Aufmerksamkeit: diesmal als Lieferanten nützlicher und manchmal lebenswichtiger Chemikalien. Zum Beispiel versorgen sie uns mit einer fettlöslichen Substanz, dem Vitamin K, das wir für die Blutgerinnung benötigen. Jeden Tag decken die entsprechenden Mikroben unseren Bedarf von rund zwei Milligramm. Mangelerscheinungen kommen nicht vor – Ausnahmen bilden Neugeborene, deren Darmflora noch nicht voll funktionsfähig ist, und Menschen, deren Keimzusammensetzung durch Antibiotika nachhaltig gestört wurde. Die Vitamine B_2, B_6, B_{12} sowie Folsäure, Biotin und Pantothen erhalten wir ebenfalls aus bakterieller Produktion. Allerdings nicht in ausreichendem Maße, sodass wir den Rest über die Nahrung aufnehmen müssen.

Auch bei der Verdauung helfen Bakterien nach Kräften mit. Der

Mensch wirft ihnen spätestens im Dickdarm all das vor, was er bis dahin nicht verwerten konnte: Stärkemoleküle, unterschiedliche Zuckerverbindungen, Zellulosen, Pektine und Proteine. Die winzigen Zersetzer schlingen die Brocken nicht etwa hinunter, sondern tischen die Spaltprodukte der großen Nahrungsmoleküle sogleich wieder auf. Schwer verdauliche Zuckermoleküle beispielsweise verwandeln sie in kurzkettige Fettsäuren – die wir sofort mit unseren Darmzellen gierig aufsaugen. Während Essig- und Propionsäuren über das Blut zur Leber transportiert und dort in Muskelzellen verbrannt werden, verwerten wir bakterielle Buttersäure an Ort und Stelle. Sie deckt den Energiebedarf unserer Darmzellen zu 70 Prozent. Die kurzkettigen Fettsäuren dienen nicht nur als Brennstoff, sondern sie üben eine Reihe physiologischer Effekte aus, deren Bedeutung Ernährungswissenschaftler bisher aber nur teilweise erkannt haben. Die Buttersäure regt einerseits das Wachstum gesunder Darmzellen an, andererseits hemmt sie die Vermehrung von Krebszellen. Freilich hat man das nur bei Zellen in Versuchskulturen beobachtet. Ein gestörter Buttersäurestoffwechsel könnte die *Colitis ulcerosa* auslösen, eine Entzündung der Dickdarmschleimhaut, die meist mit Geschwüren einhergeht.

Die Künste der Mikroben gehen weit über die Synthese kurzkettiger Fettsäuren hinaus. Unsere Partner im Darm zerlegen manche Proteine und stellen bestimmte Gallensäuren her. Die wirken wie Seife und ermöglichen die Verdauung von Fetten im wässrigen Milieu des Dünndarms. Bestimmte Medikamente werden erst durch die Bakterien in ihre biologisch wirksame Form überführt. So ist die Wirkung des Herzmittels Digoxin davon abhängig, dass die Flora die Freisetzung der aktiven Substanz Digoxigenin katalysiert. Fakt ist aber auch: Nicht alle Mikrobewohner sind Wohltäter und einige verwandeln bestimmte Stoffe aus der Nahrung in krebsauslösende Substanzen wie *aromatische Nitrosamine* (siehe auch Kapitel 9).

Probiotik aus der vollen Windel

Die positiven Effekte der Kleinstlebewesen beflügeln mittlerweile auch die Fantasie der Nahrungsmitteldesigner. Seit einigen Jahren gilt eine verbesserte Darmflora als Werbebotschaft. Die Optimierung sollen so genannte «probiotische» Nahrungsmittel bewirken (nach dem Griechischen *pro bios*: «für das Leben»). Das sind Joghurts und verwandte Sauermilchprodukte, die die altbewährten Joghurtbakterien *Lactobacillus bulgaricus* und *Streptococcus thermophilus* enthalten. Sie verwandeln Milchzucker in bekömmliche Milchsäure. Dem so entstandenen Joghurt werden dann noch weitere Bakterienkulturen beigemengt: *Lactobacillus acidophilus*, *L. casei*, *L. delbruecki*, *Bifidobacterium adolescentis*, *B. bifidum* oder etwa *B. longum* heißen die treibenden Kräfte, die – glaubt man den Herstellern – in unserem Körper einen positiven Einfluss auf die Gesundheit haben.

Verbraucherschützer und Ernährungsexperten halten «Probiotika» eher für einen Marketing-Clou, mit dem ein uraltes und spottbilliges Lebensmittel namens Joghurt mit vollmundigen Versprechungen gewinnbringend vermarktet und verkauft wird. «Allein die Vielfalt der Wirkungen, die den Probiotika zugesprochen wird, lässt den Verdacht aufkommen, dass hier beim Verbraucher unrealistisch hohe Erwartungen an den gesundheitlichen Effekt geweckt werden sollen. Für keine der vermuteten Eigenschaften gibt es klare wissenschaftliche Evidenz», urteilt Michael Blaut, Professor für Mikrobiologie am Deutschen Institut für Ernährungsforschung im brandenburgischen Bergholz-Rehbrücke. Viele Aussagen beruhten auf Experimenten im Reagenzglas und damit auf einer künstlich herbeigeführten Situation, die mit dem Ökosystem Darm kaum zu vergleichen sei. So wollen Forscher der Food-Industrie nachgewiesen haben, ihre «probiotischen» Isolate verdrängten krank machende Enterokokken und Salmonellen. Unsere Darmkeime sind jedoch auch ohne den Verzehr von probiotischen Lebensmitteln sehr gut in der Lage, sich zu helfen. «Grundsätzlich

...nenswert ist, die Darm-
... durch externe Zufuhr von Lakto-
...n», sagt Michael Blaut. Allerdings bewirken
... Millionen Industriebakterien aus einem Joghurtbe-
... ohnehin so gut wie nichts unter den vielen Billionen natürlichen Darmbakterien. Das wäre so, als kippte man ein Glas Wasser in ein volles 25-Meter-Schwimmbecken.

Zudem haben die alteingesessenen Milchsäurebakterien ihren
Job in jedem Fall besser gelernt als die Stämme der Food-Designer.
Die Lebensbedingungen in einem Menschen sind so individuell,
dass in jedem eine speziell angepasste Flora entstanden ist. In ihr
haben sich die residenten Laktobazillen bestens eingeführt und lassen sich nicht von der Konkurrenz aus der Industrie verdrängen.

Das haben Untersuchungen an Probanden bewiesen. Kaum waren die «probiotischen» Keime verschluckt, durcheilten sie geschwind Magen und Darm und endeten im Stuhl. Kommen sie da
nicht her? Die Probiotika-Hersteller vermeiden es, die köstliche
Herkunft ihrer Kulturen preiszugeben und sprechen nebulös von
Spezies aus dem «Gastrointestinaltrakt». Wenigstens ein Herstel-
ler in Japan besaß die Größe mitzuteilen, woher die «probiotischen» Keime kommen, die wir alle essen sollen: aus den Windeln
gesunder Babys.

Bakterien vom Apotheker

Nicht nur in der Kühltheke des Supermarktes, sondern auch im Me-
dikamentenschrank der Apotheke warten Darmkeime fremder
Menschen auf eine neue Heimat. Rund 25 Milliarden Individuen
vom Stamme friedfertiger Enterokokken stecken in einer Kapsel
mit dem Bestimmungsort Dickdarm; immerhin 20 Millionen
Milchsäurebakterien enthält die Kautablette für den Dünndarm.
Die Bakterienstämme regen sich nicht, weil sie gefriergetrocknet

sind. Doch spüren sie Darmsaft oder Speichel, dann erwachen sie zu einem zweiten Leben. Wenn die natürliche Flora durch Antibiotika- und Strahlentherapien geschädigt wurde, sollen die Präparate helfen, sie wieder aufzubauen. Mehr als die Hälfte aller Durchfallerkrankungen, die im Gefolge einer Antibiotikaeinnahme entstehen, ließen sich durch die Einnahme lebender Mikroben vermeiden. Zu diesem Ergebnis kamen 1996 Wissenschaftler der University of Washington in Seattle, nachdem sie die einschlägige Literatur der vergangenen 30 Jahre analysiert hatten.

Die Präparate helfen auch gegen Verstopfung. «Vier von fünf Patienten hatten wieder Stuhlgang ohne mühsames Pressen» lautete im Juni 1999 eine Überschrift in der «Ärzte Zeitung». Dem Artikel zufolge ging der durchschlagende Erfolg zurück auf ein Bakterienpräparat, das *Escherichia coli* enthielt. Im Unterschied zu klassischen Abführmitteln, die gemeinhin die Muskulatur des Dickdarms anregen und das Gleitmittel Paraffinöl beinhalten, seien nach der achtwöchigen Bakterienkur Blähungen und Darmgeräusche, Bauchkrämpfe und Übelkeit nur noch selten aufgetreten. Zudem wirken die Bakterienpräparate anscheinend auch bei der chronischen Dickdarmentzündung *Colitis ulcerosa*.

Allerdings geht es auch ohne eingekapselte Bakterien, wie Ärzte bereits 1989 bewiesen. Sie töteten die Flora eines *Colitis-ulcerosa*-Kranken zunächst mit Antibiotika ab. Dann verpassten sie dem Patienten einen Einlauf mit der Dickdarmflora eines gesunden Spenders. Der Erfolg der Keimübertragung war durchaus zufrieden stellend. Der Empfänger blieb über Monate gesund. Allerdings erscheint die Methode den meisten Patienten zu unappetitlich.

Auch beim so genannten *Morbus Crohn* empfehlen manche Ärzte die Zufuhr fremder Bakterien. Es ist eine rätselhafte chronische Entzündung des Verdauungstraktes; sie kann von der Speiseröhre bis zum After alle Abschnitte befallen und führt oftmals zu Fisteln und Verwachsungen. Die Dritte der ebenso weit verbreiteten wie mysteriösen Darmkrankheiten ist der Reizdarm, der sich wechselweise mal als Blähbauch, mal als Durchfall, mal als Verstopfung äußert.

Viele Darmkranke suchen Hilfe in der Naturheilkunde. Und die ist ebenfalls längst auf die Mikrobe gekommen. In einer «Symbioselenkung», die sich über Monate hinziehen kann, soll das Ökosystem in die richtige Richtung gesteuert werden. Dazu wählt der Arzt oder Heilpraktiker unter rund 40 Bakterienpräparaten aus – und spart nicht mit Versprechungen. Nicht nur Molesten des Darms, sondern auch Asthma, Neurodermitis, Rheuma und sogar Krebs ließen sich durch eine «Sanierung» der Darmgesellschaft bekämpfen. Natürlich vorkommende Pilze werden als Ungeheuer dargestellt. Schulmediziner mögen solchen Unfug verdammen und verfluchen, doch bestätigt die weit verbreitete Beschäftigung des Menschen mit seiner Darmflora abermals die Macht der Mikroben.

Kapitel 3
Düfte und Winde

Goethe entwendete Charlotte ein Mieder, um daran zu schnüffeln. Napoleon ließ Joséphine vor seiner Heimkehr aus dem Feldlager ausrichten: «Bitte nicht waschen, komme nach Hause.» Oskar Matzerath, Held aus Günter Grass' «Blechtrommel», lag als Kind am liebsten unter den Röcken seiner kaschubischen Großmutter. «Da flossen die Ströme zusammen, da war die Wasserscheide, da wehten besondere Winde, da konnte es aber auch windstill sein.» Kleinkinder schmiegen sich an das getragene Hemd der Mutter. Und umgekehrt berauschen sich Eltern am warmen Duft ihres Babys.

Wie elendig es einem Menschen ohne Körpergeruch ergeht, beschreibt Patrick Süskind in seinem Roman «Das Parfum». Der Findling Jean-Baptiste Grenouille riecht nicht und mordet später junge Mädchen, um ihren Duft zu stehlen. Seine Amme erschrak schon früh: «Ich weiß nur eins: daß mich vor diesem Säugling graust, weil er nicht riecht, wie Kinder riechen sollen.»

Dass Menschen eine individuelle Duftnote haben, verdanken sie allein ihren winzigen Besiedlern, den auf ihnen lebenden Bakterien. Zwar verströmen wir durch Millionen von Hautporen und Drüsen jeden Tag mehr als einen halben Liter Flüssigkeit, bestehend aus Aminosäuren, Kochsalz, Harnstoff, Proteinen, Fetten, Hormonen, Hautschuppen und Ammoniak. Doch diese Stoffe allein riechen nicht.

Milliarden von Kleinstlebewesen, die in und an den Drüsen leben, ernähren sich von den Abscheidungen und produzieren flüchtige Stoffe. Und erst die ergeben den Menschengeruch. Weil der urtümliche Körpergeruch noch jedem Reinlichkeitsfimmel widerstand, war sein Platz nie ernsthaft in Gefahr. Auch zur Zeit der scheinbar umfassenden Desodorierung behält der Duft eine wichtige Rolle im sozialen und sexuellen Miteinander. Die Bakterien auf unserer Haut sind daher klassische Symbionten – wir geben ihnen ein Zuhause, sie schenken uns Geruch.

Jeder Mensch bekommt sein individuelles Geruchsmuster, das nicht nur von seiner Hygiene abhängt, sondern auch von seiner Stimmung. Die Absonderungen der Talgdrüsen und die Sekrete der so genannten apokrinen Schweißdrüsen werden nämlich durch Hormone gesteuert. Die ungefähr 300 000 Talgdrüsen auf dem Körper des Menschen produzieren jeden Tag zwei bis drei Gramm Talg, aus dem die Mikroben dann riechende Stoffe herstellen. Der Talg bildet überdies mit Schweiß und abgestoßenen Hautschuppen einen Schutzfilm, der das Austrocknen der Haut verhindert.

Die apokrinen Schweißdrüsen, auch Duftdrüsen genannt, sind die intimen Spezialisten unter den insgesamt zwei Millionen Schweißdrüsen des Menschen. Sie entfalten ihre volle Aktivität erst mit der Pubertät und finden sich in den Brustwarzen, im Gehörgang, in der Achselhöhle sowie an Po und Geschlechtsorganen. Neben vielen anderen Stoffen scheiden sie auch Pheromone aus. Das sind geschlechtsspezifische Signalmoleküle, die zwischen zwei Individuen wirken und von denen vermutlich abhängt, ob zwischen zwei Menschen «die Chemie stimmt».

Den Pheromonen wie dem Sekret der apokrinen Drüsen und Talgdrüsen fehlt der Geruch – bis zum Auftritt der Bakterien. In jungen Jahren schenken Mikroben den zauberhaften Babyduft; später verleihen sie jenen welken Geruch der Hinfälligkeit, der das nahende Ende ankündigt. Neben dem Alter des Wirts unterliegen die olfaktorischen Aktivitäten der Bakterien weiteren Einflüssen: des Geschlechts, des Gesundheitszustandes und der Nahrungsaufnahme. Und da schließlich jeder Mensch seine persönliche Mikrobenflora unterhält, trägt ein jeder seine ganz private Note.

Die Ethnien der Menschen riechen unterschiedlich, weil die Ausstattung mit Drüsen genetisch verschieden ist. «Koreaner, die über keine apokrinen Schweißdrüsen verfügen, kennen auch so gut wie keinen Körpergeruch», schreibt der Chemiker Günther Orloff in seiner Geschichte der Duftstoffe. Wenig Körpergeruch besäßen Chinesen und Japaner, Weiße hingegen mehr und Schwarze am meisten. Beim Abbau der Sekrete entstehen viele Fettsäuren und ergeben ein Geruchsmuster, das besonders Japanern missfällt. Den Europäern und Amerikanern hat das Phänomen die wenig schmeichelhafte Bezeichnung *batakusai* eingebracht – «Butterstinker».

Lockstoffe der Liebe

Dass die Mikrobenflora einem Individuum einen unverwechselbaren Geruch verleiht, haben Zoologen bei Säugetieren beobachtet. Bakterien erzeugen durch das Zersetzen der Hautabsonderungen besondere Düfte, die beispielsweise feinnasigen Füchsen, Mangusten und Löwen erlauben, Artgenossen individuell zu erkennen. Es gibt Hinweise, dass solche Grundgerüche zwischen Menschen wirken. Partner erkennen sich am Körpergeruch wieder, aber erst nach der Pubertät, wenn in den apokrinen Drüsen Sexualhormone auftreten. Viele Riechexperimente haben zudem bewiesen, dass die Mutter den Duft des eigenen Babys von anderen unterscheiden kann. Kleinkinder wiederum identifizierten ihre Eltern, aber auch Geschwister und Großeltern mit der Nase.

Die Mikroben können nicht frei entscheiden, was für einen Geruch sie herstellen. Den geben vielmehr jene Substanzen vor, die der Mensch im Sekret produziert. Dessen biochemische Zusammensetzung hängt von vielen Faktoren ab: Genen, Hormonen, Stoffwechsel, Ernährungsweise, Umwelt sowie psychologischen und sozialen Einflüssen. Folgerichtig stellen die Mikroben stets ein Geruchsmuster her, das wie eine olfaktorische Momentaufnahme auch etwas über aktuelle Stimmungen und Gefühle verrät.

Einigen Tierarten ermöglicht dies das rechte Timing beim Sex. Die Bakterien der Haut und der Schleimhaut der Vagina erzeugen verschiedene Düfte, die den weiblichen Zykluszustand signalisieren. Auch das Scheidensekret der Frau scheint betörende Stoffe zu enthalten, und zwar so genannte Kopuline. Diese intensiv riechenden Fettsäuremoleküle scheinen die Sinne der Männer zu vernebeln, wie eine Studie mit 66 Probanden ergab. Unter der Einwirkung von Kopulinen kamen ihnen Frauen wesentlich schöner vor. Während die mikrobiellen Siedler in der Vagina, allen voran die heilsamen Döderlein-Bakterien, emsig erforscht wurden, fand und findet der Scheidengeruch in der Öffentlichkeit beinahe nie Beachtung. In seiner Kulturgeschichte des Geruchs schreibt der französische Historiker Alain Corbin: «Ein merkwürdiges Schweigen indes fällt auf, wahrscheinlich ein Tabu: bei all diesen erotischen Betrachtungen findet sich außer einigen Hinweisen auf die Menstruation keine einzige Anspielung auf den verführerischen Reiz der Vaginalgerüche.»

Am «olfaktorischen Fingerabdruck» eines Menschen hat neben dem Körpergeruch der so genannte Schweißgeruch maßgeblich Anteil. Er entsteht, wenn die Mikroben die in den Ausdünstungen enthaltenen Sexualhormone umwandeln. Im Schweiß finden sich Abbauprodukte des Steroidhormons Testosteron, etwa das nach Sandelholz duftende Androstenol oder das urinähnlich stinkende Androstenon. Da das Testosteron im Mann häufiger vorkommt (die gängige Bezeichnung «männliches Hormon» ist falsch, da Testosteron auch im weiblichen Körper entsteht und dort wichtige Aufgaben erfüllt), ist dieser Steroidgeruch bei Frauen spürbar milder. Auch die geschlechtsspezifischen Unterschiede der Hautflora tragen dazu bei, dass Frauen eher schwach säuerlich riechen, Männer eher stechend. Weiterer Unterschied: Damen haben die feinere Nase. Androstenon etwa nehmen 71 Prozent von ihnen wahr, aber nur 63 Prozent der Herren riechen die urinartige Schweißnote. Vermutlich unterliegt die Sensibilität hormonellen Einflüssen. Wenn Frauen die Antibabypille nehmen, dann nähert sich ihre Empfindlichkeit jener des Mannes.

Androstenon hat übrigens noch eine tierische Seite. Es ist nämlich der Sexuallockstoff des Ebers und löst bei der rauschigen Sau die Duldungsstarre aus. Verwechslungen sind da nicht auszuschließen, wie ein Blick über den Ärmelkanal zeigt:

Es war Liebe auf den ersten Riecher. In Littledean, einem beschaulichen Dorf in der englischen Grafschaft Gloucestershire, verliebte sich im Dezember 1992 ein Schwein namens Doris in den Zeitungsboten und trieb ihn die Dorfstraße hinab. Der junge Mann flüchtete sich schließlich in eine Telefonzelle. Von dort rief er die Polizei zu Hilfe, die bald kam und die Zudringlichkeiten der Zweizentnersau unterband. Mit ein wenig mehr Reinlichkeit hätte der Bote die pikante Situation vermeiden können. Mit seinem Schweiß sandte der junge Kerl der rauschigen Doris eine unwiderstehliche chemische Botschaft: Androstenon.

Dass auch Frauen auf den Lockstoff ansprechen, glaubt Professor Karl Grammer vom Institut für Humanbiologie in Wien, der einen Schnüffeltest mit 300 Teilnehmerinnen durchgeführt hat: Um den Eisprung herum verloren die Frauen ihren Abscheu vor dem Androstenon und tolerierten den Duft. Jahre zuvor hatten englische Forscher im Wartezimmer einer Arztpraxis einige Stühle mit einer Androstenonlösung besprüht – Frauen setzten sich mit Vorliebe auf die parfümierten Stühle.

Eine der spektakulärsten Thesen der Duftforscher lautet: Frauen, die in enger Gemeinschaft leben, synchronisieren ihren Menstruationszyklus. Bewirken sollen dies Substanzen aus dem Achselschweiß. Um den 1971 erstmals beschriebenen Effekt, der nach seiner Entdeckerin Martha McClintock benannt wurde, tobte von Anfang an ein Disput, der bis heute anhält. Weder kennt man die chemische Struktur der rätselhaften Signalstoffe, noch weiß man eine plausible Erklärung, was für einen Sinn eine Synchronisierung hätte. Stark konstruiert klingt die Deutung, dass es in der Steinzeit von Vorteil gewesen wäre, wenn in einer Sippe die Frauen die Babys zur gleichen Zeit bekommen hätten. Doch knapp 20 Jahre nach der ersten Veröffentlichung hat Martha McClintock ihren Effekt kürzlich bestätigen können. Die Studie war so eindrucksvoll, dass sie in dem angesehenen Wissenschaftsjournal «Nature» abgedruckt wurde. Auch wenn Skepsis bleibt, eines machen die hier beschriebenen Experimente wahrscheinlich: Mikroben produzieren für uns Gerüche, die in den Hormonhaushalt anderer Menschen eingreifen und bei ihnen eine anregende, vielleicht sogar erotisierende Wirkung entfalten.

Das Aussenden von Düften, um Partner anzulocken, birgt aber auch Gefahren. Die in Südamerika heimische Vampirfledermaus *(Desmodus rotundus)* trinkt das Blut schlafender Warmblüter und verschmäht den Menschen dabei keineswegs (siehe auch Seite 121). Für gewöhnlich hält sich die Fledermaus aber an Rinder. Auf der Suche nach Lebenssaft folgt sie jenem betörenden Duft, der von paarungswilligen Kühen ausgeht. Der soll eigentlich Bullen verführen – und nicht blutdürstende Vampire anlocken. Auf die gleiche Weise wird der Mensch an seinem durch Bakterien bedingten Geruch von Tieren erschnüffelt. Der Hund etwa erkennt daran Frauchen und Herrchen wieder.

Micrococcus sedentarius – das Schweißfußbakterium

Mikroben lotsen mit ihren Emissionen auch viele unliebsame Tiere in den Lebensraum Mensch. Zecken werden durch die Buttersäure im Schweiß angelockt. Mücken orten den Menschen auf 40 Meter, wenn sie seinen Mix aus vergorenem Schweiß und zersetztem Eiweiß an ihren hochsensiblen Antennen spüren. Inbesondere Schweißfüße führen sie zum Opfer, wie Experimente des holländischen Biologen Willem Takken andeuten. Er erforschte die Lieblingsdüfte von Stechinsekten in einem Käfig mit drei Geruchsbereichen: Fuß, Atem und Haut. Die Mücken flogen eindeutig auf den Geruchsbereich Fuß. «Dieser typische Schweißfußgeruch ähnelt dem Duft von Limburger Käse», findet Takken. Mancher Tropenreisende würde den weichen Stinkekäse schon mit sich führen, um die Malariamücke *Anopheles* von sich abzulenken. Sein charakteristisches Aroma verdankt der Limburger übrigens Milchsäurebakterien.

Als Urheber des Fußgeruchs schienen vor Jahren so genannte Brevibakterien überführt. Sie wohnen zwischen den Zehen und bilden beim anaeroben Abbau von Proteinen die Chemikalie Methanthiol (CH_3-SH), die ähnlich stinkt wie eine voll geschwitzte Socke.

Die Mikrobiologen freuten sich zu früh. Die Indizien ließen sich nicht erhärten, die friedfertigen Brevibakterien gelten als rehabilitiert. Keith Holland, Chemiker an der Universität von Leeds in England, hält nunmehr *Micrococcus sedentarius* für einen der Missetäter. Das kugelige Bakterium vermag mit seinen Verdauungsenzymen die Hornhaut auf der Sohle aufzuweichen und abzulösen. Soldaten und Bergleute, deren Füße stundenlang quasi luftdicht in Stiefeln stecken, kennen das Leiden, das fachsprachlich auch «narbige Keratolyse» genannt wird. Das Team um den Chemiker suchte aber noch nach weiteren bakteriellen Stinkstiefeln. Dazu ließen die Forscher die Füße von 19 männlichen Freiwilligen beschnüffeln, und zwar von einem «erfahrenen Prüfer». Neun hatten nur leichten Fußgeruch, zehn indes hochkarätige Schweißfüße. Je mehr Risse in der Hornhaut zu sehen waren, desto stärker war auch der Geruch.

Zu ihrer Überraschung entdeckten die Wissenschaftler *M. sedentarius* auch bei Probanden, die überhaupt keine Keratitis hatten. Sie kamen zu dem Schluss: Die Keime leben natürlicherweise auf den Füßen gesunder Menschen, allerdings in so geringer Zahl, dass sie mit ihren Verdauungsenzymen keinen Schaden anrichten.

Erst wenn ihre Heimstatt feucht und feuchter wird, beispielsweise wenn man sich lange die Schuhe nicht auszieht, vermehren sie sich rasant und entfalten ihre zersetzende Kraft. Überdies fanden die Wissenschaftler aus Leeds einen klaren Zusammenhang zwischen Fußgeruch und der Anwesenheit weiterer Mikroben wie Staphylokokken und coryneforme Bakterien. Wenn sich diese Mikroben stark vermehren, verbreiten sie einen auffällig käsigen Duft. Wie *Micrococcus sedentarius* mögen sie jene alkalischen Bedingungen, die in ungewechselten Socken und Schuhen entstehen.

Auch wenn der Käsemief uns die gesamte Evolutionsgeschichte hindurch bis zum heutigen Tag an den Fersen hängt, gab es bis vor kurzem fürwahr Schlimmeres zu erdulden. Furchtbare Gerüche – allesamt Mikrobenwerk – zogen sich noch vor 200 Jahren wie sozialer Kitt durch alle Schichten. Patrick Süskind beschreibt dies eindrucksvoll in seinem Roman «Das Parfum»:

‹Der Bauer stank wie der Priester, der Handwerksgeselle wie die Meistersfrau, es stank der gesamte Adel, ja sogar der König stank, wie ein Raubtier stank er, und die Königin wie eine alte Ziege, sommers wie winters. Denn der zersetzenden Aktivität der Bakterien war im achtzehnten Jahrhundert noch keine Grenze gesetzt, und so gab es keine menschliche Tätigkeit, keine aufbauende und keine zerstörende, keine Äußerung des aufkeimenden oder verfallenden Lebens, die nicht von Gestank begleitet gewesen wäre.›

Wenn die Chemie nicht stimmt

Gegen Ende des 18. Jahrhunderts – das Zeitalter der Desodorierung zog allmählich herauf – begann eine zunehmende Zahl von Gelehrten, das Reich menschlicher Ausdünstungen zu erforschen. Jean-Noël Hallé, Mitglied der Société Royale de Médecine, erkundete seine Umwelt mit der Nase und hielt seine Eindrücke in peniblen Riech-Protokollen fest: Der Verwesungsgeruch in einem Pariser Hospital, der Lieblingshölle der Keime, lasse sich «als eine Mischung aus Saurem, Fadem und Stinkendem beschreiben, die eher Übelkeit erregt als dass sie die Nase beleidigt», notierte der Hygieniker anno 1787. Manche Chemiker in Frankreich schnallten sich allerhand Glasröhrchen an den Leib und stiegen dann in ein warmes Bad. So wollten sie die Gase aus ihren Achselhöhlen und Därmen auffangen, schildert Alain Corbin. In Italien wurden unterdessen junge Bettler bis zur Hüfte in luftdichte Ledersäcke geschnürt. Dann steckte man sie in wassergefüllte Bottiche und versuchte, den Knabengeruch in einem Trichter einzufangen. Die in Mode gekommene Forschung gipfelte in vielen abstrusen Behauptungen, die nur noch in den Annalen der Heilkunst ihren Platz haben.

Dass Menschengerüche eigentlich Stoffwechselprodukte unserer Bakterien sind, wurde erst mit dem Aufkommen der Mikrobiologie klar. Und erst mit den Fortschritten der analytischen Chemie gelang es schließlich, die ersten Duftmoleküle zu isolieren. Die fettigen Absonderungen unserer Talgdrüsen, die sich unter den Schweiß mischen, werden beispielsweise zu einfachen Fettsäuren abgebaut. Gleiches geschieht, wenn sich Bakterien über das Fett von Butter hermachen: Die Butter wird ranzig und stinkt.

Die derbsten Gerüche lassen sich auf Absonderungen der apokrinen Schweißdrüsen zurückführen. 1991 stellte George Preti vom Monell Chemical Senses Center in Philadelphia den schlimmsten Übeltäter: 3-Methyl-2-Hexensäure (MHA).

$$CH_3-CH_2-CH_2-\overset{\overset{\displaystyle CH_3}{|}}{C}=CH-CO_2H$$

Diese widerwärtig riechende Substanz fand er im Schweiß männlicher Freiwilliger, die zuvor 24 Stunden lang Wattebäusche in den Achselhöhlen trugen. In den Proben stießen die Chemiker auf mehr als 40 Verbindungen, die sie zur weiteren Analyse im Reagenzglas synthetisierten. Sobald sie eine Probe MHA hergestellt hatten, mussten sie sich die Nase zuhalten. Weitere Untersuchungen ergaben: Die Drüsen geben MHA nicht direkt ab, vielmehr scheiden sie ein Eiweißmolekül aus, an das MHA chemisch gebunden ist. Wenn Bakterien das Eiweißmolekül zerlegen, wird MHA in die unmittelbare Umwelt freigesetzt. Um diesen Effekt zu verhindern, enthalten Deodorants Substanzen wie Farnesol oder etwa Zitronensäureester, die das Wachstum der Mikroben hemmen; andere Inhaltsstoffe wie Zink-Ricinoleat binden den Geruch.

Auch in unserem Mund sorgen unsichtbare Zersetzer für schlechte Luft. «Was Sie riechen, wenn Sie schlechten Atem haben, das ist für gewöhnlich nichts anderes als die Abfallprodukte bestimmter Bakteriengemeinschaften, die den Mund zu ihrem Zuhause gemacht haben», sagt der Zahnarzt Jon Richter, der im amerikanischen Philadelphia das Richter-Zentrum für die Behandlung von Funktionsstörungen des Atems betreibt. Zwischen Lippe und Rachen wachsen täglich 100 Milliarden Bakterien heran. Vor allem die anaeroben Bakterien, die also zum Leben keinen Sauerstoff benötigen, verpesten den Atem, indem sie Eiweißmoleküle spalten. Unsere Nahrung und abgestorbene Zellen der Mundschleimhaut sorgen für einen stets reichlich gedeckten Tisch. Eiweißmoleküle bestehen aus 20 Aminosäuren, von denen zwei Schwefel enthalten (Cystein und Methionin). Wenn es um Gerüche geht, dann ist das keine gute Botschaft. Schwefel verbindet sich mit anderen chemischen Elementen gern zu flüchtigen und deshalb riechenden Substanzen. Wenn ein anaerobes Bakterium ein Eiweißmolekül zerlegt, werden beachtliche Mengen dieser Verbindungen frei.

Methanthiol (CH_3SH) ist das übelste dieser schwefelhaltigen Moleküle. Chemiker kennen kaum eine Verbindung, die so ekelhaft riecht wie das farblose Gas, das auch unter dem Namen Methylmercaptan bekannt ist. Es erzeugt einen umwerfenden Mundgeruch und findet sich übrigens, wenig schmeichelhaft, auch in den Darmwinden. Für einige Spezialanwendungen stellt man Methanthiol in der chemischen Industrie her, beispielsweise als Ausgangsstoff für Pestizide. Nicht viel besser riecht das ebenfalls im Schlund vorkommende Dimethylsulfid, von dem noch die Rede sein wird.

Allerdings lässt sich der Pesthauch leicht bekämpfen, wenn man die Gepflogenheiten der Anaerobier kennt. Die meisten verstecken sich zwischen den Zähnen und auf dem hinteren Teil der Zunge, den bei den allermeisten Menschen ein weißer Belag bedeckt. Penible Mundhygiene lautet das oberste Gebot, um Abhilfe zu schaffen. Wer einen fauligen Atem hat, sollte sich die Zähne nach jeder Mahlzeit putzen, auch nach dem Mittagessen. Dentisten raten dringend, die Räume zwischen den Zähnen regelmäßig mit Zahnseide zu reinigen. Bürsten Sie auch die Zunge, und zwar die hintere Region mit der hohen Anaerobierdichte. Neben mangelnder Hygiene begünstigt ein trockener Mund die Entstehung von Mundgeruch. Weil nachts der Speichelfluss stockt, hat man morgens schlechten Atem und schlechten Geschmack im Mund. Wer viel redet, sollte reichlich Wasser trinken. Kaffee, Alkohol, Zigaretten und Stress hemmen die Produktion des Speichels, dessen Inhaltsstoffe das Bakterienwachstum auf ein ökologisch sinnvolles Maß bremsen und der die Speisereste fortspült.

Trotz der aufgezeigten unangenehmen Folgen ist es gut, dass Bakterien die Mundhöhle zu ihrer Heimat erklären. Sie schützen uns vor krank machenden Keimen und Pilzen, die es so nur selten schaffen, im Mund richtig Fuß zu fassen. Darüber hinaus kann Mundgeruch Hinweise auf eine ernste Krankheit liefern. Gute Ärzte riechen deshalb an ihrem Patienten.

Bakterien machen Wind

Darmwinde oder Blähungen mogeln sich jeden Tag unter den Körpergeruch. Man kann sie verzögern oder dämpfen, aber niemals gänzlich unterdrücken. Und natürlich: Die drängenden Wolken, die sich im Enddarm zusammenballen, ehe sie nach außen zischen, sind das Werk unserer Bewohner. Bakterien zersetzen in unserem

Darm Nährstoffe und produzieren dabei Gase mit den erstaunlichsten Gerüchen. Jeden Tag verlassen im Durchschnitt 15 Winde den Anus, wobei ein jeder seine ureigene Duftnote trägt. Die stete Luftbewegung ist ein weiteres Beispiel dafür, wie die Besiedler Kultur und Alltag des Menschen prägen. Zwar verursachen Darmbakterien auch bei vielen anderen Tieren Treibgase, doch ist der Mensch das einzige Geschöpf auf Erden, das die flüchtige Mikrobenluft nicht einfach so fahren lässt, sondern das anrüchige Potential ganz gezielt für seine Zwecke einsetzt.

Heraufziehende Luft birgt Blamagen. Sie erweitert aber auch unser Repertoire, Signale an die Außenwelt zu senden. Wann und wo immer ein Abwind weht, wird ihm höchste Aufmerksamkeit zuteil. Der Mensch hat die Blähung zum intimsten Mittel der Kommunikation erhoben, das er kennt. Mancher Pups sagt mehr als tausend Worte.

Ein schönes Beispiel erzählte Goethe seinem Vertrauten Eckermann:

Ein abscheulicher Herr gibt in bester Gesellschaft und in Anwesenheit von Damen unanständige Dinge von sich. «Mit Worten war gegen ihn nichts auszurichten.» Doch da begeht ein stattlicher Herr sehr laut eine große Unanständigkeit. Der Schwadroneur ist dermaßen eingeschüchtert, dass er endlich den Mund hält. «Das Gespräch nahm von diesem Augenblick an eine anmutige heitere Wendung», sagte Goethe. «Und man wußte jenem entschlossenen Herrn für seine unerhörte Kühnheit vielen Dank in Erwägung der trefflichen Wirkung, die sie getan hatte.»

Die Geschichte eines Abwindes, der einen Krieg auslöste, hat der griechische Geschichtsschreiber Herodot überliefert: Im Jahre 570 vor Christi Geburt fürchtete König Apries von Ägypten um seinen Thron; ein Teil seines Volkes lehnte sich gegen ihn auf. In seiner Not schickte der König einen Offizier namens Amasis los, die Aufständischen mit Geschenken zu versöhnen. Doch stattdessen krönten sie den Gesandten Amasis kurzerhand zu ihrem neuen König. Der erzürnte Apries schickte daraufhin einen Boten: Der Abtrünnige möge umgehend in den Palast zurückkehren. Amasis, der den Befehl zu Pferde vernahm, überlegte kurz, hob sich dann lässig vom Sattel – und «ließ einen Wind streichen». Nach diesem unmissverständlichen Zeichen sprachen nur noch die Waffen. König Apries verlor nicht nur den Thron, sondern auch das Leben. Nach seiner Niederlage erdrosselte ihn der Pöbel.

Als unsere Vorfahren die Sprache noch nicht ausreichend entwickelt hatten, waren die Darmwinde erst recht ein Mittel zur Verständigung. Sie ertönten am abendlichen Lagerfeuer und zeitigten schon damals viele Heiterkeitsausbrüche. Auch heutige Kleinkinder, die sich verbal noch nicht genügend ausdrücken können, bedienen sich bewusst dieser urtümlichen Kommunikation. Wie freuen sich die Eltern, wenn der Sprössling ihren eher achtlos hingeworfenen Laut urplötzlich mit einem Echo erwidert und dann lobheischend strahlt. Der Spaß ist uralt. Bereits der römische Staatsmann und Schriftsteller Cato schreibt von Mägden und Knechten, die vergnügt «um die Wette furzen».

Ungezwungener Umgang mit Blähungen in aller Öffentlichkeit war bis in die Antike selbstverständlich. «Es sind den Menschen Winde das größte Bedürfnis», fand der griechische Lyriker Pindar. Nach einer Einladung zu einem köstlichen Mahl pupste man dem Gastgeber ein aromatisches Dankeschön. Vibrationen galten früher allerorts als gasförmiger Ausdruck allgemeinen Wohlbefindens. «Warum rülpset und forzet Ihr nicht», fragte der Reformator Martin Luther, «hat es Euch nicht geschmecket?» Besonders der Sonnenkönig Ludwig XIV. ließ es dem Vernehmen nach in Versailles noch ganz ungeniert krachen. «Vorgestern hat der König eine Windcolique gehabt», schrieb Liselotte von der Pfalz im berühmt gewordenen «Furzbrief» über das Befinden ihres königlichen Schwagers. Besorgt spielte sie ihm einen Zettel mit einem Rezept zu. Seine Majestät waren über den wohl gemeinten Ratschlag derart amüsiert, dass er ihn den Ministern nicht vorenthalten wollte und laut vorlas:

Ihr, die Ihr im Gekröse
Habt Winde gar so schlimme
Gebt diesen Winden Stimme
Laßt gehn sie mit Getöse.

So leicht und locker wie damals ist in Mitteleuropa nie wieder ge-
furzt worden. Das zeigt eine Anekdote, die in diplomatischen Krei-
sen die Runde macht: Die Königin von England fuhr einmal mit
einem afrikanischen Botschafter in ihrer Kutsche, die von sechs ed-
len Rössern gezogen wurde. Plötzlich dieses Geräusch. Laut und
deutlich und lang. Die Queen zum Gast: «Sorry, es tut mir Leid.»
Seine Exzellenz, der Botschafter: «Majestät, wenn Sie jetzt nichts
gesagt hätten, hätte ich sowieso angenommen, dass es das Pferd
war.»

Die Flatologie – keine anrüchige Wissenschaft

Unter Gelehrten war es lange verpönt, sich dem alltäglichen Phänomen zu nähern. Bis in unsere Tage führt die Wissenschaft von
den Darmwinden, die Flatologie, ein Schattendasein. Von Kollegen
verspottet, vertraten einige französische Forscher im 18. Jahrhundert die Ansicht, Abwinde seien dazu da, die Balance zwischen dem
inneren Milieu des menschlichen Körpers und der Atmosphäre
aufrechtzuerhalten. Der Theorie zufolge würde die Luft das Leben
erdrücken, gäbe es nicht ein Gleichgewicht zwischen der Außenluft
und der Luft im Körperinnern. Atmen, Nahrungsaufnahme, Rülpsen und Blähwinde sorgten dafür, dass der lebenswichtige Austausch stattfinden konnte. Mithilfe von speziellen Glasröhren zum
Abmessen von Gasen, Eudiometern, versuchten die Chemiker die
individuellen Gerüche zu fangen und zu entschlüsseln. Ohne Erfolg.

Es sollten mehr als hundert Jahre vergehen, ehe ein kleiner Zirkel von Flatologen die Chemie der Darmwinde ergründete. Die Wissenschaftler, allen voran der Gastroenterologe und «Pups-Papst» Michael Levitt am Veteran Affairs Medical Center im amerikanischen Minneapolis, beschäftigen sich nicht nur mit den chemischen Inhaltsstoffen und deren Herkunft, sondern interessieren sich auch für die Anzahl der Winde, ihre Geschwindigkeit, die krankhafte Blähsucht und die Biologie der gasproduzierenden Mikroben. «Eine unglaubliche Zahl von Überlieferungen umrankt das Phänomen der Flatulenz», sagt Michael Levitt, der dem Abwind seit mehr als zwei Jahrzehnten auf der Spur ist. «Vieles davon ist falsch. Diese Mythen zu zerstören und die Wahrheit aufzudecken, das ist wie die Erforschung irgendeines anderen wenig verstandenen Gebietes der Medizin. Die Antworten sind alle da – wenn man gewillt ist, sie zu finden.»

Überrascht stellten die Wissenschaftler fest, dass ein Abwind zu 99 Prozent aus geruchlosen Gasen besteht. Sauerstoff und Stickstoff gelangen durch Luftschlucken beim Essen und Trinken in den Leib. Die restlichen und entscheidenden Anteile der Abwinde steuern unsere Besiedler bei: *Clostridium difficile*, *Bacteroides vulgatus* und die etwa 500 weiteren Bakterienarten in unserem Dickdarm.

Die Mikrobe *Methanobrevibacter smithii* gedeiht nur in jedem dritten Menschen. Durch ihre Aktivität gelangt Methan, sonst Hauptbestandteil des Erdgases, in den Darmwind. Das geruchlose Gas verbrennt mit blauer Flamme und bildet mit Luft gefährliche Gemische, die bereits durch einen kleinen Funken entzündet werden können.

Die Bakterien stellen zudem Wasserstoff her, der an der Luft ein brennbares Gemisch namens Knallgas bildet. All das kann böse Folgen haben. Die «Schweizerische Medizinische Wochenschrift» warnte ihre Leser aus der Chirurgenschaft völlig zu Recht vor pupsenden Patienten: «Methan ist brennbar und kann daher bei Elektrokoagulation durch das Rektoskop Explosionen verursachen.» Ansonsten produzieren die Darmbakterien Kohlendioxid und ver-

schiedene geruchsintensive Schwefelverbindungen. Diese Riech-
substanzen im Flatus machen zwar nur ein Prozent der Gasproduktion aus, verursachen aber 99 Prozent aller Unannehmlichkeiten.
«Dass wir sie so leicht aufspüren», sagt Michael Levitt, «ist ein
Zeugnis sowohl für die Schärfe der Gase als auch für die Empfindlichkeit unserer Nase.»

Die Gasproduktion der Mikroben erreicht imposante Ausmaße,
doch nur ein Bruchteil dringt in die Atmosphäre. Flatologen haben
errechnet, dass die Bakterien in unserem Darm jeden Tag bis zu
24 Liter Wasserstoff und etwa sechs Liter Methan bilden. In Wirklichkeit geht aber nur etwa ein Liter Darmwind ab. Während einige
Mikroben Methan und Wasserstoff herstellen, wird der Löwen-
anteil dieser Gase von anderen Bakterien im Darm wieder in
nichtflüchtige Substanzen umgewandelt – zum Wohle des Menschen.

Denn die Verbindungen, die schließlich im Darmgas entweichen,
würden in höheren Konzentrationen die Erde unbewohnbar machen. Hier eine Auswahl:

Indol entsteht, wenn Bakterien die Aminosäure Tryptophan, die in
Eiweißstoffen enthalten ist, abbauen. Es wird in der kosmetischen

Indol

Industrie benötigt und dient zur Herstellung bestimmter Arzneimittel und Farbstoffe. Stark verdünnt riecht Indol sogar angenehm
blumig, konzentriert jedoch nach Fäkalien.

Skatol (3-Methylindol) ist ebenfalls ein bakterielles Abbauprodukt des Tryptophans. Gemeinsam mit Indol und den unten beschriebenen Darmgasen verleiht Skatol dem menschlichen Kot seinen charakteristischen Gestank.

Skatol

Von dem fühlen sich Mistkäfer und Latrinenfliegen übrigens angezogen. In äußerster Verdünnung riecht Skatol auch für den Menschen angenehm und man verwendet es spurenweise in der Parfümerie.

Schwefelwasserstoff (H_2S) ist die häufigste schwefelhaltige Verbindung im Flatus. In absoluter Konzentration kommt es glücklicherweise nur in Spuren (im mikromolaren Bereich) vor. Das farblose Gas verströmt den widerlichen Geruch fauler Eier. Es führt zur inneren Erstickung, weil es im Körper Enzyme (Cytochromoxidasen) blockiert, die Sauerstoff transportieren. In Jauchegruben, wo ebenfalls Mikroben das extrem giftige Gas herstellen, führt dieser Umstand immer wieder zu tragischen Unfällen.

Dimethylsulfid (CH_3-S-CH_3) ist eine faulig riechende Flüssigkeit, die bereits bei 38 °C siedet. Das bakterielle Zersetzungsprodukt macht sich nicht nur im Abwind, sondern auch im Mundgeruch bemerkbar. Die Substanz wird in kleinsten Mengen dem Erdgas zugesetzt, denn wegen seines durchdringenden Geruchs werden Lecks in der Gasleitung sofort bemerkt.

Die schwefelhaltigen Chemikalien aus den Abwinden stechen nicht nur in die Nase, sondern bedrohen auch öffentlich ausgestellte Kunstgegenstände, die Silber enthalten, wie etwa alte Fotografien oder orientalische Miniaturen. Weil er Silber schwärzt, verzichtet man in Museen auf Materialien, die Schwefel absondern, und hat spezielle Filter in die Klimaanlagen eingebaut. Warum der

Schwefelgehalt in Ausstellungsräumen dennoch höher liegt als in der Außenluft, hat der Chemiker Peter Brimbleham an der University of East Anglia in England herausgefunden. Einerseits verströmen regenfeuchte Wollsachen viele Sulfide; andererseits finden die schädlichen Chemikalien in den Abwinden der Besucher ihren Weg ins Museum. Peter Brimbleham kommentierte seine Entdeckung lakonisch: «Die Besucher von Galerien und Museen sollten nichts anziehen und sich unter Kontrolle haben.»

Abhilfe könnte eine Art Windwindel schaffen, die Michael Levitt mit zwei Kollegen am Minneapolis Veteran Affairs Medical Center erprobt hat. Die Ärzte verabreichten 16 gesunden Testpersonen, von denen die Hälfte ein mit Aktivkohle beschichtetes Polyurethan-Kissen in der Unterhose trug, jeweils ein knappes Pfund dicker Bohnen und 15 Gramm Milchzucker – das Kohlekissen absorbierte fast 90 Prozent der schwefelhaltigen Gase.

Das Experiment zeigt, dass der Mensch sein Windgeschehen durchaus beeinflussen kann: durch die Auswahl dessen, was er seinen Darmbakterien zur Verdauung zumutet. Das Volumen lässt sich mindern, wenn man auf einige Obst- und Gemüsesorten wie Zwiebeln und Staudensellerie, besonders auf Hülsenfrüchte wie Erbsen und Bohnen verzichtet. Sie enthalten die Zuckermoleküle Rhamnose und Stachyose, die der Mensch nicht spalten kann. Also vergären Bakterien die Zuckerstoffe und dabei entstehen beträchtliche Gasmengen. Die gerade unter Ernährungsbewussten so beliebte Aufnahme schwer verdaulicher Ballaststoffe könnte erklären, warum sie häufiger unter Blähsucht (Flatulenz) leiden. Schon haben sich Biologen darangemacht, Sojabohnen zu züchten, die keine unverdaubaren Zuckermoleküle mehr haben. Auch wer auf den Milchzucker Laktose verzichtet, kann den Ausstoß von Darmgasen mindern.

Dass kleinste Entladungen, die «schlimmen Schleicher», die übelsten Odeurs verursachen, haben die Windforscher als Mythos entlarvt. Tatsächlich sinkt und steigt die Zahl der Schwefelverbindungen mit dem Flatusvolumen. Keinen Zusammenhang gibt es indessen zwischen Bukett und Akustik. Bakterien haben folgerichtig keinen Einfluss auf die begleitenden Furzgeräusche. Dafür aber können begabte Menschen bestimmte Toneffekte erzielen: durch Anspannen der zuständigen Muskeln.

Einer, der es auf dem Gebiet zu unerreichter Meisterschaft trieb, war der legendäre Kunstfurzer Joseph Pujol. In Marseille geboren, besaß er die seltene Gabe, mit dem Hintern Luft holen zu können wie mit dem Mund, um sie sodann, weithin hörbar, entweichen zu lassen. Bald nannte man ihn nur noch «Petomane» (*le pet* heißt auf

Der Petomane Joseph Pujol in Aktion. 22 Jahre war der Kunstfurzer ein gefeierter Star im Pariser Varieté «Moulin Rouge»

Französisch der Furz). Seine Darmbakterien waren nicht involviert. Zum Glück, denn somit blieben seine Emissionen geruchlos und er konnte mit dem Po Kerzen ausblasen, ohne eine Verpuffung zu riskieren. Ein zu Freudentränen gerührtes Publikum fand Pujol von 1892 an im Pariser Varieté «Moulin Rouge». 22 Berufsjahre lang pustete er auf der Bühne. Mal imitierte er ein Gewitter, mal gab er das Abfeuern einer Kanone, mal blies er zart die «Marseillaise».

Ein Nachfolger für den 1945 verstorbenen Akrobaten ist nirgends zu hören. Kaum ein Mensch versteht sich noch auf das Kunstfurzen. Das zeigt auch die Pressemitteilung, die das Wiener Burgtheater 1999 verbreitete:

Nach den erfolgreich verlaufenen Castings der Zahn- und Hüllenlosen und den nun ausreichend vorhandenen Kinderwagen aus den sechziger Jahren ist das Burgtheater jetzt auf der Suche nach einer vermutlich längst ausgestorbenen Spezies: Für Johann Kresniks Inszenierung von «Wiener Blut» werden Flatulanten (Kunstfurzer) gesucht, die das klassische Repertoire beherrschen, sich aber insbesondere darauf verstehen, den Radetzkymarsch in entsprechender Weise und melodiesicher zu intonieren. Bewerbungen bitte ausschießlich schriftlich und nach Möglichkeit mit einer Demo-Cassette.

Kapitel 4
Vampire und Blutsauger

Wenn der kleine schwarze Punkt, den Sie auf Ihrem Körper entdecken, bei der leisesten Berührung mit einem gewaltigen Sprung aus Ihrem Blickfeld verschwindet, dann haben Sie einen Floh. Ein gewisser Charme ist dem nicht abzusprechen. «Viele Weiber, viele Flöhe», seufzte Heinrich Heine, der mit beiden schlechte Erfahrungen gemacht hatte. Die Jagd nach den Lästlingen motivierte Paare einst zu galanten Spielen. Kavaliere des 17. Jahrhunderts haschten ihrer Angebeteten den winzigen Blutsauger aus der Wäsche und trugen ihn in einem Medaillon spazieren.

Wer sich heutzutage einen echten Menschenfloh einfängt, hat eine zoologische Rarität ergattert: *Pulex irritans* ist in Deutschland vom Aussterben bedroht, verschwunden in den Beuteln der Staubsauger. Seine liebste Zuflucht, eine Matratze aus Stroh, ist selten geworden in Industriegesellschaften. Und so ist es ein exklusives Vergnügen, vom Menschenfloh gebissen zu werden. Sein Stechapparat besteht aus zwei Röhren: Durch den größeren Kanal saugt der Floh das Blut wie mit einem Strohhalm; gleichzeitig pumpt er durch einen kleineren Kanal Speichel in die Wunde, um die frühzeitige Blutgerinnung beim Opfer zu verhindern. Das ruft später Pusteln und Juckreiz auf der Haut hervor. Ein Floh ist ein unruhiger Geist, der sich leicht stören lässt und immer wieder absetzt, um erneut zuzustechen. So durchlöchert er unsere Haut in regelrechten Reihen und trinkt 20 bis 150 Minuten lang. Dabei scheidet er einen Großteil unseres Lebenssaftes, nämlich das nährstoffarme Serum, sogleich an Ort und Stelle wieder aus. Die kleinen feuchten Flecken sind zwar unappetitlich, aber völlig harmlos.

Dem Stechakt und der Blutentnahme gewinnt der niederländische Zoologe Midas Dekkers Erotisches ab: «Die Übertragung unseres Blutes auf ein saugendes Insekt hat etwas von Geschlechtsverkehr. Nach anfänglichem Geschnüffel schiebt das Tier sein Stachelorgan in uns herein und spritzt.»

Auch die Weibchen von Laus, Stechmücke, Holzbock und Bettwanze, die in diesem Kapitel beschrieben werden, ernähren sich vom Blut des Menschen. Die Männchen dagegen verzehren Pflanzensäfte oder – wie etwa der männliche Floh – begnügen sich mit ungleich geringeren Blutmengen.

Unter allen Lästlingen genoss der Floh schon immer das höchste Ansehen. Das mag damit zusammenhängen, dass er im Gegensatz zur Laus, die mehr als 90 Prozent ihrer Lebenszeit auf dem Menschen verbringt, ein sporadischer Parasit ist. Adolph Freiherr von Knigge notierte:

> Indessen scheinen manche Tiere in besserem Ruf zu stehn als andre. Niemand schämt sich zu bekennen, daß er Flöhe habe; Läuse hingegen darf kein Mensch von Erziehung mit sich führen.

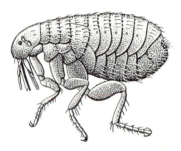

Menschenfloh (*Pulex irritans*)

In Venedig legte man den Flöhen früher dünnste Silberfäden um den Hals, bevor man sie verkaufte. Goethe ließ Mephisto in Auerbachs Keller ein «Flohlied» singen und überhaupt tauchen die Hüpfer im Sprachgebrauch immer wieder auf. Man hütet sie oder bekommt sie ins Ohr gesetzt – von Märkten und Walzern ganz zu schweigen. «Hier werden Flöhe gekauft» stand auf den Tafeln der Flohzirkusdirektoren. Über deren Gewerbe schrieb Egon Erwin Kisch: «Es scheint also diesem kleinen, blutsaugerischen Tierchen eine dämonische Macht innezuwohnen, die starke Naturen veranlasst, sie zu bändigen.»

Heute lassen sich nur noch sehr wenige Menschen von den kleinen Quälgeistern herausfordern. Hans Mathes aus Nürnberg ist der letzte Flohzirkusdirektor in Europa, «vielleicht auf der ganzen Welt», sagt er. Jeden Herbst zieht der 1946 geborene Franke mit 180 der Tierchen im Gepäck auf das Münchner Oktoberfest und lässt im Schatten von Bierzelt und Riesenrad die Flöhe tanzen. Die Zoologen Bernhard Grzimek und Heinz Sielmann bestaunten diesen Zirkus; er ist heute die einzige Erinnerung an die glanzvollen Zeiten der blutdurstigen Artisten.

Fechtduell der Flöhe (*Radio Times* Hulton Picture Library)

Sie gaben am Times Square in New York ebenso Vorstellungen wie in der Regent Street zu London. Um 1830 bezahlten viele die damals stolze Summe von einem Schilling, um die «außergewöhnliche Ausstellung der arbeitsamen Flöhe» eines gewissen Signore Bertolotto zu bestaunen. Hinreißend die Kostüme auf dem Ball der Flöhe: Gentlemen im Gehrock erschienen mit in Seide gekleideten Ladys. Ein zwölfköpfiges Orchester spielte dazu. Ein Flohmogul präsentierte voller Stolz seinen Harem. Zum großen Finale stürmten Wellington, Napoleon und Blücher die Manege; sie ritten auf Flöhen, die goldene Sättel trugen. Hundert Jahre später feierte der deutsche «Flohkönig» Wilhelm Roloff Erfolge. Mit seinem Wanderzirkus belustigte er Papst Leo XIII., Hitler und Queen Victoria.

Die Kunst der Flohdressur

Der legendäre Roloff lehrte seinen Neffen Heinz Mathes die Kunst der Flohdressur. Heinz Mathes wiederum weihte seinen Sohn Hans in die Geheimnisse ein, über die er prinzipiell keine Auskunft gibt. Als der Vater 1948 zum ersten Mal die Flöhe auf dem Münchner Oktoberfest auftreten ließ, war Hans gerade zwei Jahre alt. Mit sechs Jahren führte er durch die Kindervorführung. Heute gehört es zu seinem Repertoire, dass die Flöhe einen handgefertigten goldenen Wagen ziehen und in papiernen Kleidchen Pirouetten drehen. «Fridolin» jongliert, «Beckenbauer» schießt und «August der Starke» setzt das Karussell in Bewegung. Hans Mathes führt die Zuschauer, deren Zahl zwischen zwei und 40 schwankt, allerdings nicht durch das Programm. Das überlässt er seiner Frau. Er bleibt lieber im Kirmeswagen. «Ich muss ja meine Raubtierchen füttern», lächelt er und hat dabei an die 70 Flöhe auf seinem Arm sitzen. Den Blutverlust kann er verkraften, denn sein federleichtes Zirkusvolk nascht nur tröpfchenweise.

Mehr als 2000 Floharten leben auf der Welt. Aber nur weibliche Menschenflöhe werden dressiert. Sie sind mit bis zu vier Millimetern doppelt so groß wie die Männchen. Die Goldschlinge ist den

Weibchen leichter umzulegen. Das Publikum erkennt sie besser und wegen ihrer Schwäche für Menschenblut sind sie bequem zu füttern.

Die Tiere leben in Gefangenschaft nur sechs Monate (in freier Wildbahn etwa 18 Monate) und lassen sich nicht züchten. Also muss Hans Mathes jedes Jahr vor dem Oktoberfest auf ein Neues knapp 200 «Artisten und Akrobaten» rekrutieren – und das gestaltet sich hierzulande immer schwieriger. Deshalb verbringt Mathes die Sommerferien in fernen Ländern und hält die Augen auf. Überdies lässt er sich von urlaubenden Freunden die Souvenirs in Gläsern mitbringen. Über die genaue Herkunft seiner Flöhe schweigt der Dompteur. Zu groß war der Ärger mit den Touristikverbänden, als sein Vater vor Jahren dem Magazin «Stern» verriet, er beziehe seine Akteure aus Griechenland und der Türkei.

Schneller als ein Spaceshuttle

Dass der Menschenfloh die meiste Zeit nicht auf seinem Wirt, sondern auf dem Boden verbringt, wurde ihm mit der Erfindung des Staubsaugers zum Verhängnis, denn sein Nest mit Eiern und Larven wurde damit zur leichten Beute. Im Unterschied dazu stellen Katzendecken und Hundekörbchen weitgehend störungsfreie Biotope mit guten Entwicklungsmöglichkeiten dar. Folglich hüpfen im Gefolge des jeweiligen Haustieres Katzen- *(Ctenocephalides felis)* und Hundeflöhe *(C. canis)* recht häufig durch Wohnungen und Häuser. Dass ihnen vom Blut der Menschen übel würde, ist ein Märchen. Sie vertragen unseren Lebenssaft, ebenso wie dem Menschenfloh durchaus das Blut von Tieren gut bekommt – allerdings braucht er ein Nest in der Nähe des Menschen, um sich fortpflanzen zu können.

Die Mutter aller Flöhe lebte vermutlich vor 60 Millionen Jahren und ernährte sich vom Blut der Säbelzahntiger und anderer prähistorischer Säuger. Die Vorfahren des Menschenflohs lebten zunächst auf Dachsen und Schweinen. Erst als die Menschen sesshaft wurden und anfingen, Hütten zu bauen, kam der Floh zu ihnen und verbreitete sich als Weltbürger bald über die ganze Erde. Flöhe waren im vergangenen Jahrtausend eine Geißel: Frauen trugen spezielle Flohfallen in der Unterwäsche; Schoßhunde waren dazu da, die Tiere abzulenken. Indianer steckten ihre Hütten in Brand, wenn die Flöhe zu aufdringlich wurden. Marco Polo berichtete, dass indische Adelige ihre Betten mit Flaschenzügen in die Höhe hieven ließen, um außerhalb der Reichweite der sprunggewaltigen Quälgeister schlafen zu können.

Ein drei Millimeter großer Menschenfloh springt mindestens 200 Millimeter hoch und 350 Millimeter weit. Eine vergleichbare Leistung wäre es, wenn der Mensch sich über das Mittelschiff des Kölner Doms schwingen würde. Beachtlich ist auch, wie der Floh beschleunigt: 50-mal schneller als ein Spaceshuttle hebt er ab. Weil im gesamten Tierreich kein Muskel so schnell kontrahieren kann, spannt sich der Floh wie eine Armbrust. Dazu kauert er sich hin und drückt mit seinen Beinmuskeln zwei Bällchen aus Resilin zusammen, einer ungemein elastischen Substanz. Löst er nun an der Körperunterseite einen Haken, der den Brustpanzer in seiner niedergedrückten Form hält, dann katapultiert er sich los.

Auch anatomisch hat sich der Floh perfekt an seinen Lebensraum angepasst. Von den Seiten her abgeplattet, ist er viel höher als breit und kann sich dadurch leicht zwischen den Haaren hindurchdrängen. Die Fühler sind in Gruben einklappbar, sodass der Kopf dem schnittigen Bug eines Schiffes ähnlich ist. Der Flohpanzer aus Chitin gleicht einer Ritterrüstung. Man kann einen Floh mit der Dampfwalze überfahren und er hüpft anschließend davon.

Liegt es an der zählebigen Natur, dass der Floh die Phantasie und Scherzlust der Menschen nicht ruhen lässt? Eine «Juristische Abhandlung über die Flöhe», angeblich aus der Feder eines gewissen Johann Wolfgang von Goethe, narrt seit Jahrzehnten die Leser. Die Deutsche Presse-Agentur meldete im August 1983 allen Ernstes, in der DDR sei ein «Floh Luthers wiederentdeckt» worden: Ein Unbekannter aus dem 16. Jahrhundert, der ein Manuskript

Luthers abschrieb, habe zwischen den Blättern einen Floh gefunden, den der Meister höchstpersönlich zur Strecke gebracht habe. Der Meldung zufolge klebte der aufmerksame Finder den Floh damals fest und versah ihn mit einem entsprechenden Vermerk. Auf diesen Jahrhundertfund sei man nun durch Zufall im Staatsarchiv Weimar gestoßen.

Am 1. April 1992 berichtete die Zeitschrift «Bild der Wissenschaft» über die Initiative «Rettet den Menschenfloh (RdM)»: In Bad Pyrmont hätten führende Parasitologen beschlossen, *Pulex irritans* in die Rote Liste der gefährdeten Tiere und Pflanzen aufzunehmen. Der Floh genieße nunmehr nach dem Washingtoner Artenschutzabkommen den gleichen Schutz wie andere vom Aussterben bedrohte Tiere, etwa Pandabär und Panzernashorn. Der Handel mit solchen Lebewesen unterliegt strengen Regeln. Überdies habe die RdM sich zur Aufgabe gemacht, das sicher scheinende Ende des Menschenflohs durch Nachzucht abzuwenden.

Zur Gefahr kann ein Floh werden, wenn er einen Krankheitserreger überträgt. Menschen-, Hunde- und Katzenflöhe verschiedener Gattungen können verschiedene Arten von Bandwürmern übertragen und geben eine Reihe von Bakterien weiter, die Typhus und andere schwere Epidemien auslösen. Angst und Schrecken verbreitete vor allem aber der Erreger der Pest, ein Bakterium namens *Yersinia pestis*, das unter der Menschheit gewütet hat wie kein zweites.

Y. pestis ist keineswegs ausgerottet. Die Pestkeime kommen noch heute in bestimmten Gegenden der Vereinigten Staaten, Kasachstans, Chinas oder etwa Indiens vor. Sie leben in Ratten, Erdhörnchen und anderen wilden Nagern und werden von den Flöhen dieser Tiere übertragen. Die Erreger kleben an den Mundwerkzeugen oder verstopfen den Darm des Flohs: Der übergibt sich – und speit die Bakterien in die Wunde des Wirts.

Die Pest suchte die Menschen immer erst dann heim, wenn die Ratten an der Seuche bereits gestorben waren. Ihre infizierten Flöhe stürzten sich ausgehungert auf den nächsten möglichen Wirt

– Hunde, Katzen oder Menschen. Alle drei Floharten können die Pesterreger weitergeben. Zu Beginn der Seuche schwellen die Lymphknoten an und platzen nach fünf bis sieben Tagen. Übelkeit, hohes Fieber, Erbrechen und Durchfall sind weitere Symptome. 10 bis 15 Prozent der Erkrankten sterben, weil die Bakterien ihr Blut vergiften. Befallen die Pesterreger die Lunge, dann können sich Menschen gegenseitig durch Tröpfcheninfektion anstecken.

In drei Pandemien entvölkerte der «Schwarze Tod» im Mittelalter ganze Landstriche. In den Pestjahren 1347 bis 1352 starben allein in Europa etwa 25 Millionen Menschen – ein Viertel der damaligen Bevölkerung. Als die Pest abklang, brach für die Überlebenden eine neue Epoche an: die Renaissance. «Indem Y. pestis Europas Bevölkerungen dezimierte, verringerte es den Wettbewerb um Nahrung, Obdach und Arbeit, den Überlebenden überließ es den Reichtum der Verstorbenen», urteilt die amerikanische Biologin Lynn Margulis. Den Schrecken hat Y. pestis eingebüßt, weil man das Bakterium heutzutage gut mit Antibiotika bekämpfen kann.

Lausen und Schmausen

Früher belästigten Flöhe und Läuse die Menschen häufig zur gleichen Zeit und wurden in einem Atemzug erwähnt. Es sei unschicklich, «sich bei Tisch am Kopf zu kratzen und an Hals und Rücken nach Läusen, Flöhen oder anderem Ungeziefer zu suchen und es vor den Augen anderer Leute zu töten», mahnt ein französischer «Knigge» von 1555. Der Autor Frank McCourt hatte es in seiner elenden Kindheit in Irland ebenfalls mit beiden Insektenarten zu tun. «Die Läuse sind schlimmer als die Flöhe. Läuse hocken und saugen, und durch ihre Haut können wir unser Blut sehen. Flöhe hüpfen und beißen, und sie sind sauber, und wir mögen sie lieber», schildert McCourt in «Die Asche meiner Mutter».

Während der Floh sich rar macht, ist die Begegnung mit einer Laus schon einfacher. Sie besiedelt Inuits ebenso wie Pygmäen und Mitteleuropäer. Verzichtet man einen Monat lang darauf, seine Kleidung zu waschen und zu wechseln, ist die Wahrscheinlichkeit groß, dass sich die Kleiderlaus *(Pediculus humanus corporis)* einstellt. Sie lebt auf der dem Körper zugewandten Seite der Unterwäsche, von Hemden und sonstigen Kleidungsstücken.

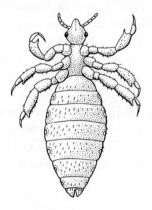

Kleiderlaus *(Pediculus humanus corporis)*

Das 3 bis 4,5 Millimeter große Insekt ernährt sich ausschließlich von Menschenblut und richtet seine stechend-saugenden Mundwerkzeuge etwa dreimal am Tag gegen uns.

Die Kopflaus *(Pediculus humanus capitis)* fängt man sich am leichtesten dort ein, wo viele Kinder zusammenströmen: in Landschulheimen, Kindergärten und Schulen. Schätzungsweise mehr als eine Million Bundesbürger haben Kopfläuse und dennoch ist das Geschrei groß, sobald ein Befall bekannt wird. Eltern rücken ihrem Kind mit Essigkämmen und Insektiziden zu Leibe und desinfizieren den halben Hausrat. «Schüler, die verlaust sind, dürfen die dem Schulbetrieb dienenden Räume nicht betreten», schreibt das Bundesseuchengesetz von 1973 vor. Das hat die Kopflaus nicht kleinkriegen können. Manche Kindergärten haben sieben Ausbrüche in neun Monaten und der Schülerreim aus den 70er-Jahren trifft es bis heute: «Kauf dir eine Laus, schon ist die Schule aus!»

Wie die Kleiderlaus nimmt auch die Kopflaus ausschließlich Menschenblut zu sich. Ohnehin sind beide Arten so eng miteinander verwandt, dass sie gemeinsame Nachkommen zeugen können. Die Kopflaus war zuerst da. Als aber die Menschen in der Steinzeit begannen, sich mit Fellen zu kleiden, entstand eine neue ökologische Nische, in welcher sich die rund 20 Prozent größere Kleiderlaus entwickelte. Die Kopflaus lebt im Haupthaar und legt ihre Eier, die so genannten Nissen, an die Haarschäfte nahe der Kopfhaut. Die Dritte und Kleinste im Bunde ist die Filzlaus (*Phthirus pubis*). Das 1,7 Millimeter lange, auch Schamlaus genannte Wesen lebt auf Augenbrauen, Wimpern und Schamhaar. Wenn sich zwei Menschen lieben, dann ist das eine willkommene Gelegenheit, den Wirt zu wechseln. Stark juckende Stiche an intimsten Stellen verraten den Besucher.

Affen – unsere lausenden Vorbilder

Als «lausig» könnte man auch den Beleg der gemeinsamen Herkunft von Mensch und Affe bezeichnen. Bis heute haben Gorillas, Schimpansen und Menschen sehr ähnliche Läuse, welche in der Familie der Primatenläuse (*Pediculidae*) zusammengefasst sind. Die Blutsauger riefen eine soziale Verhaltsweise hervor, die Affen und Menschen bis heute gemein haben: das Lausen. Affen verwenden viel Zeit darauf, sich gegenseitig das Fell abzusuchen. Das ist kein Ausdruck reiner Selbstlosigkeit. Die Sucher können so viele Läuse essen, wie sie wollen, und haben zugleich die Gewissheit, dass die Tierchen an einem Ort landen, wo sie kein Unheil mehr anrichten können. Dem Menschen ist dies Gebaren vertraut. Als Seife und Insektenschutzmittel noch nicht erfunden waren, lasen sich die Fami-

Familiäres Lausen. *Gruppo naturale* von Bartolomeo Pinelli (Mansell Collection)

lienangehörigen die Kopfläuse gegenseitig aus dem Haar und zerknackten sie zwischen den Zähnen.

Dem Vorbild der Affen folgend, schluckten viele Lausende die Insekten sogar herunter und zogen sie damit für immer aus dem Verkehr. Ein Naturforscher des 19. Jahrhunderts hat das Läuseessen bei den Kirgisen erlebt: «Ich war Zeuge einer rührenden, wenn auch barbarischen Szene eheweiblicher Hingabe. Der Sohn unseres Gastgebers lag in tiefem Schlaf ... Unterdes nutzte seine zärtliche und aufopferungsvolle Gattin die Gelegenheit zu einer Säuberung seines Hemds von dem Ungeziefer (Läuse), das sich darin tummelte ...

Sie nahm sich systematisch jeden Faltenwurf und jeden Saum in dem Hemd vor und zog ihn durch ihre strahlenden weißen Zähne, während sie ihn rasch abnagte. Die dauernden Knackgeräusche konnte man deutlich hören.» Die Läuse der Eltern zu fangen und zu essen war auf der Südseeinsel Tonga wiederum ein Zeichen von Zuneigung und Pflichterfüllung der Kinder gegenüber ihren Erzeugern.

Kopfläuse wurden in indianischen Mumien gefunden, die mehrere tausend Jahre alt sind. Ägyptische Priester schoren sich alle drei Tage den Kopf, um die Tiere abzuwehren. Allerdings war das Auftreten von Läusen in manchen Kulturen durchaus positiv besetzt. Der schwedische Naturforscher Carl von Linné (1707–1778) glaubte, die Tierchen würden Kinder vor Krankheiten schützen. Auch bei Naturvölkern gelten Läuse als ein Zeichen bester Gesundheit und ihre Wirte leisten hartnäckig Widerstand, wenn man sie von ihren Bewohnern befreien will. Vom Mittelalter bis in die Zeit Goethes standen verlauste Männer im Ruf, besonders potent zu sein, weil die Parasiten angeblich die schlechten Säfte absaugten. «In primitiven Gesellschaften des Mittelmeerraums gilt es bis heute als Zeichen von Potenz, wenn man verlaust ist», urteilte der Autor Michael Andrews noch Ende der 70er-Jahre, ohne allerdings die Namen der betreffenden Kulturen zu nennen. Ein Reisender schließlich, der im Norden Sibiriens unterwegs war, berichtete, wie eine junge Frau kokett ihre Läuse nach ihm warf.

Von einer Laus gebissen zu werden ist eigentlich nicht gefährlich, aber es löst starken Juckreiz aus. Häufig kratzen sich die Befallenen die Haut wund, sodass vor allem beim Befall mit Kopfläusen große, nässende Ekzeme entstehen können. Der Stich der Kleiderlaus führt zu einem hellroten Punkt, der sich zunächst blau verfärbt, stark juckt und nach drei bis acht Tagen verschwindet. Allerdings kann die Laus Überträger fataler Krankheiten wie Läuserückfallfieber und Fleckfieber sein. Millionen von Soldaten starben an diesen Seuchen. Die Kleiderlaus benötigt ungefähr drei Wochen für ihre Entwicklung und wer in dieser Zeit seine Kleidung wechselt und reinigt, braucht einen Befall nicht zu befürchten. Wenn aber in Kriegs- und Notzeiten der Wäschewechsel ausbleibt, breitet sich die Kleiderlaus schnell aus und überträgt krank machende Bakterien. Die Infektion mit Läuserückfallfieber erfolgt, indem die Betroffenen die Läuse zerkratzen. Aus ihrem Inneren gelangt dann der Erreger *Spirochaeta recurrentis* in die Wunde und löst ein Fieber aus, das in Schüben wiederkehrt. Ohne Behandlung sterben etwa 30 Prozent der Infizierten. Die erste dokumentierte Epidemie trat 1739 in Irland auf. Während des Ersten Weltkrieges kam es zu zahlreichen Ausbrüchen in Militär- und Gefangenenlagern.

Beim Fleckfieber (Läusetyphus) verbergen sich die Erreger *(Rickettsia prowazekii)* im staubförmigen, schwarzen Läusekot. Man atmet ihn ein oder nimmt ihn mit der Nahrung auf. Nach 10 bis 14 Tagen setzen Schüttelfrost und hohes Fieber ein, das mit Lähmungen und Bewusstseinsstörungen einhergeht. Unbehandelt sterben 40 bis 50 Prozent der Erkrankten. Beim Rückzug Napoleons I. aus Russland im Winter 1812/13 wütete das Fleckfieber unter den französischen Truppen verheerender als die Angriffe der Kosaken. Von den fliehenden Soldaten sprangen die verseuchten Läuse auf die deutsche Zivilbevölkerung über. Mehr Menschen starben damals an den Bakterien als durch Kanonen, Kugeln oder Bajonette. Nicht die Generäle, sondern *R. prowazekii* wies Napoleon letztendlich in die Schranken. Bis in die Gegenwart wütet das Fleckfieber: 1997 erkrankten daran mehr als 100000 Menschen während des Bürgerkrieges in Ruanda.

Wanzen auf der Lauer

Das hervorstechende Merkmal der Wanzen ist ihr Saugrüssel, den sie im Ruhezustand unter ihrem Bauch einklappen. Die meisten der etwa 30000 Arten dieser Insektenordnung *(Heteroptera)* sind harmlose Pflanzensaftsauger. Doch wenn die echten Bettwanzen ihren Rüssel ausklappen, droht Ungemach: Sie müssen nämlich Blut trinken, um sich entwickeln zu können, und auf Menschen-

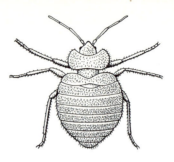

Bettwanze *(Cimex lectularius)*

blut haben sie am meisten Appetit. *Cimex rotundatus* peinigt die Asiaten und Afrikaner; Europäer und Nordamerikaner bekommen es mit *C. lectularius* zu tun. Wie die Bezeichnung «Bettwanze» schon andeutet, lebt das flügellose, mahagonifarbene Insekt nicht direkt auf dem Menschen. Vielmehr ruht das fünf Millimeter große Tier tagsüber in Lichtschaltern, Möbelritzen, hinter Bildern und Verschalungen, unter Schränken, Matratzen und Tapeten, was dazu geführt hat, dass der Volksmund elektronische Abhörgeräte als «Wanzen» bezeichnet. Wegen seiner abgeplatteten Körperform wird das Insekt in Berlin auch «Tapetenflunder» genannt.

Gegen Abend traut sich die Wanze aus dem Versteck. Wenn sich das Opfer erschöpft ins Bett fallen lässt und das Licht ausknipst, pirscht die Wanze sich auf ihren sechs klauenbewehrten Beinen heran. Die letzten zehn Zentimeter wird sie von der Wärme des Schlafenden geleitet. Die Zielgenauigkeit des Wanzenrüssels lässt allerdings zu wünschen übrig. Weil nicht jeder Stich auf Blut stößt, pikst die Wanze häufig mehrmals hintereinander. Den Stich bemerkt der Mensch nicht. Ungefähr zehn Minuten lang nimmt das Insekt begierig unseren Lebenssaft auf und kann dabei bis auf das Siebenfache seines ursprünglichen Gewichtes anschwellen. Wenn die auf der Haut entstandenen Quaddeln zu jucken anfangen, ist die Wanze schon längst wieder in ihrem sicheren Versteck. Am aktivsten sind die Blutsauger zwischen drei und sechs Uhr morgens.

Wer seine Peiniger sehen will, muss schnell und listig sein: Stellen Sie sich schlafend, bis Sie den Eindruck haben, die Wanzen seien da. Nun sollten Sie dreierlei am besten gleichzeitig tun: Springen Sie aus dem Bett, schlagen Sie die Decken zurück, schalten Sie das Licht an! Mit ein wenig Glück sehen Sie noch, wie die Winzlinge davonhuschen.

Einzigartig ist der Paarungsakt der Wanzen: Das Männchen gibt sein Sperma nämlich nicht in die Geschlechtsöffnung des Weibchens, sondern pumpt es in eine Begattungstasche, die sich auf dem Rücken des Weibchens befindet. Von hier aus durchdringen die Samenzellen die Haut, durchqueren den halben Leib und landen schließlich in den Eiröhren, wo sie die Eier befruchten.

Erst als der Mensch sesshaft wurde, brachen goldene Zeiten für die Wanze an. Wie der Floh ist sie darauf angewiesen, dass ihr Opfer regelmäßig nach Hause kommt. Vermutlich lebten die Vorfahren der Bettwanze in den warmen Höhlen des Mittleren Ostens. Zunächst hielten sie sich an das Blut von Fledermäusen und Vögeln in der Höhle. Noch heute parasitieren einige Wanzenarten auf Fledermäusen und Tauben. Als unsere Vorfahren in die Höhlen zogen und dort schliefen, erweiterten sich aus Sicht der Wanzen die Besiedlungsmöglichkeiten und sie eroberten als Kulturfolger des Menschen die Welt. England beispielsweise erreichten sie im 16. Jahrhundert, vermutlich an Bord eines Schiffes.

Bald waren sie fester Bestandteil des Stadtlebens. Die gepeinigten Menschen stellten die Holzbeine der Betten in wassergefüllte Schalen. Was die Wanzen allerdings wenig beeindruckte: Sie krochen die Wände hoch und sprangen von dort auf die Schlafenden.

Der Durst der Wanze steigt mit zunehmender Wärme: Bei Zimmertemperatur kommt sie einmal in der Woche zum Trinken ins Bett, ab 25 Grad jede Nacht. Wenn die Kissen einmal leer sind, beispielsweise weil der Wirt längere Zeit auf Reisen ist, bringt das die Wanze nicht aus der Ruhe. Sie kann warten und ein halbes Jahr lang ohne frisches Blut überleben. Wenn in solch eine Wohnung neue Mieter ziehen, dann wird die erste Nacht ihnen eine böse Überraschung bringen. Ähnliches kann einem im Urlaub blühen: Wer in einem verwanzten Zimmer nächtigen muss, kann sich mit gängigen Mitteln zur Abwehr von Insekten und Spinnen schützen. Und er sollte darauf achten, dass er die unliebsamen Besucher nicht versehentlich mit dem Gepäck bei sich zu Hause einschleppt.

Eine verwanzte Wohnung kann man riechen: Die Tiere verströmen mit ihren Stinkdrüsen einen fiesen süßlichen Geruch und auch ihr schwarzklebriger Kot ist an der Duftnote erkennbar. Diese Duftstoffe helfen den Wanzen bei der Partnersuche und stechen den Menschen gehörig in die Nase, zumal vier von fünf Menschen auf der Welt jede Nacht von Wanzen geplagt und heimgesucht werden.

Wer hat süßes Blut?

Eine laue Sommernacht: Kaum hat man die Augen geschlossen, nähert sich dem Ohr ein feines Singen. Eine Stechmücke ist im Anflug, auf der Suche nach einer kräftigen Blutmahlzeit. Aus ihrer Sicht ist es, als ob man sich mit einer leeren Spritze einem Elefanten näherte. Der Mensch muss sich entscheiden. Soll er der Müdigkeit nachgeben? Oder in Notwehr handeln und für Ruhe sorgen? Spannender ist es, wenn zwei Menschen im Bett liegen. Dann nämlich wird der Besuch der Mücke zum Ratespiel: Wer hat das «süßere Blut» und wird folglich gestochen?

Mehr als 3400 Stechmückenarten sind ständig auf Beuteflug. Wenn in der arktischen Tundra Moskitos schlüpfen, dann bleiben ihnen etwa 20 Minuten Zeit, ein Opfer zu finden, dem sie das lebenswichtige Blut für die Eiablage rauben können. Wehe dem Warmblüter, der in solch einen Schwarm gerät!

In vielen warmen Regionen der Welt kann ein Stich einem Todesurteil gleichkommen, denn Mücken übertragen eine Vielzahl von Erregern, die Malaria, Gelbfieber, die Schlafkrankheit oder etwa Denguefieber auslösen. Nach Angaben der Weltgesundheitsorganisation (WHO) stirbt alle 30 Sekunden ein Mensch an einer Krankheit, die er sich durch einen Mückenstich zugezogen hat.

Wie anpassungsfähig Mücken sind, zeigt ein Blick in die Londoner U-Bahn. Seit ihrem Bau vor hundert Jahren entwickelt sich dort eine neue Spezies. Ursprünglich zapfte diese Art aus der Familie der Stechmücken *(Culicidae)* im Untergrund nur Vögel an. Ihre Nachkommen haben sich dagegen auf Mäuse, Ratten und Menschen spezialisiert. Die Larven ernähren sich offenbar von menschlichen Hautfetzen und Schuppen, die reichlich aus Zügen und auf Bahnsteige rieseln. Die Mückenart unter Tage unterscheidet sich inzwischen genetisch von den Artgenossen an der Sonne, wie englische Biologen beobachtet haben: An 20 untersuchten Stellen im Erbgut haben sie jeweils veränderte Genvarianten entdeckt. Mehr noch, auch die Mücken, die sich in den verschiedenen U-Bahn-Linien isoliert voneinander fortpflanzen, zeigten bereits genetische Unterschiede. Ähnlich wie einst verschiedene Arten von Darwin-Finken auf den Galapagosinseln und auf der Osterinsel evolvierten, scheinen nun in Londons Untergrund diverse Mückenspezies zu entstehen.

Mücken mögen Mief

Wie eine Mücke ihr Opfer erkennt und aussucht, ist eine Wissenschaft für sich. Längst ist bekannt, dass die Männchen nur Pflanzensaft und Blütennektar trinken. Die Weibchen brauchen dagegen das nährstoffreiche Blut, damit ihre Eier heranreifen können. Um sich eine Quelle zu erschließen, orientieren sie sich mit ihren Antennen, mit deren Hilfe sie den Kohlendioxidgehalt ihrer Umgebung ermitteln können. Das Gas, das beim Ausatmen frei wird, führt die Mücken zuverlässig zu ihren schlafenden Opfern.

In einer Gruppe mit mehr als zehn Menschen findet sich immer

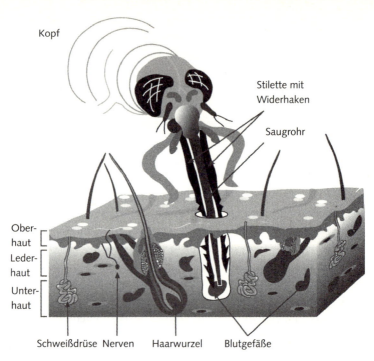

Mit ihrem feinen Stechrüssel kann die Mücke sogar dünne Sommerkleidung durchdringen.

einer, auf den Mücken besonders «fliegen». Die Stecher erkennen unsere Bewegungen, orientieren sich an unserer Hauttemperatur und der Luftfeuchtigkeit in unserer Nähe. Doch vor allem riechen sie uns. Die olfaktorischen Vorlieben der Insekten hat Jerry Butler von der Universität von Florida erforscht. Er füllte kleine Hohlräume mit Rinderblut, bedeckte sie mit einer Kunsthaut und bestrich diese mit verschiedenen Duftstoffen. Dann wurden die Mücken losgelassen und ein Computer zählte jeden Stich. Die bisherigen Ergebnisse erscheinen für menschliches Empfinden widersprüchlich: Einerseits mögen die Quälgeister Produkte zur Körperpflege. Zum anderen fühlen sie sich vom Geruch nach altem Schweiß angezogen. Diesen Duft stellen bekanntlich Bakterien her, wenn sie sich in der Achselhöhle ungehindert vermehren. Der holländische Biologe Willem Takken glaubt sogar, vor allem deftiger Fußschweiß leite die Mücken zu ihrem Opfer.

Das beste chemische Mittel gegen Mücken ist noch immer eine Substanz namens Diethyltoluolamid, kurz *Deet*. Es ist in gängigen Mitteln zur Insektenabwehr enthalten und ein Produkt der Militärforschung. Weil die amerikanischen Soldaten im Zweiten Weltkrieg auf den pazifischen Inseln mehr Ärger mit krankheitsübertragenden Moskitos hatten als mit den Japanern, trieb das US-Militär die Suche nach Antimückenmitteln voran. Ganze Kompanien mussten sich mit unterschiedlichen Substanzen einreiben und wurden dann durch die Sümpfe Floridas geschickt. Beim anschließenden Appell wurden die Stiche gezählt. Mehr als 7000 Chemikalien testete die Armee, eine davon war Deet.

Doch manche Menschen reagieren allergisch auf die Substanz, viele stört ihr unangenehmer Geruch und sie verzichten deshalb lieber auf den chemischen Schutz. Sitzt die Mücke am Morgen prall und träge an der Wand, ist die Stunde der Rache gekommen: Mit einem Klatsch wird sie ins Jenseits befördert. Doch der Fleck an der Tapete ist vor allem unser eigenes Blut.

Böcke im Gebüsch

Wenn die Menschen im Frühjahr ins Freie drängen, dann schlägt auch die Stunde der Zecke. Sie kann Monate oder sogar viele Jahre ausharren und auf ein Opfer warten. Der genügsame Parasit registriert Wärmeschwankungen von wenigen Hundertstel Grad, spürt geringste Erschütterungen und wittert den Schweißgeruch des Menschen, der da nichts ahnend durch den Wald spaziert. All diese Signale aktivieren die Zecke. Scheinbar träge im Blattwerk oder auf

Grashalmen hockend, lässt sich das Spinnentier im Vorbeigehen abstreifen. Dafür reicht bereits ein Kontakt vom Bruchteil einer Sekunde und schon gelangt der Parasit auf seinen Wirt.

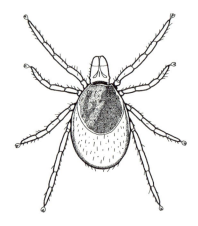

Gemeiner Holzbock *(Ixodes ricinus)*

In Deutschland und Europa begegnen wir fast immer der weiblichen Schildzecke *Ixodes ricinus*, eher als Gemeiner Holzbock bekannt. Im Unterschied zur Kopflaus ist dieses Spinnentier nicht auf den Menschen abonniert. Bereitwillig trinkt es auch den Lebenssaft von Mäusen, Hirschen, Igeln, Pferden, Hasen und sogar Eidechsen. Doch aufgrund seiner weiten Verbreitung belästigt es heute den Menschen vermutlich häufiger als Läuse und Flöhe zusammen.

Der Holzbock sticht seine Beute nicht sofort, sondern sucht sich in aller Ruhe ein warmes, wohl durchblutetes Plätzchen an einer dünneren Hautpartie. Mit seinen Mundwerkzeugen schneidet er eine Wunde in die Oberfläche und treibt dann einen mit Widerhaken bewehrten Stechapparat, das Hypostom, in die Tiefe. Das Holzbockweibchen ist ein so genannter Poolsauger. Es sticht nicht ein Gefäß an, sondern schafft sich eine Höhle, in der sich Blut, Gewebesaft und aufgelöste Zellen sammeln. Begierig trinkt die Zecke aus der Blutlache – ein Vorgang, der zwischen 3 und 12 Tagen dauern kann. Dabei nimmt sie das 100- bis 200fache ihres Gewichts an Blut auf und schwillt an wie eine Bohne. Noch während des Saugens wird das Weibchen vom männlichen Holzbock befruchtet. Dann fällt es ab, kriecht in die obere Erdschicht, legt Tausende Eier ab und stirbt.

Vom Schneiden, Bohren und Saugen in seiner Haut spürt das Opfer nichts, denn die Zecke pumpt mit ihrem Speichel eine betäubende Substanz in die Wunde – und hier liegt das Problem: Mit dem Speichel können gefährliche Viren und Bakterien in den Körper des Gebissenen gelangen. Insgesamt übertragen Zecken mehr als 50 verschiedene Erreger, der Holzbock in Deutschland vor allem das schraubenförmige Bakterium *Borrelia burgdorferi* und das so genannte Frühsommer-Meningo-Encephalitis-Virus, kurz FSME-Virus.

Das FSME-Virus kommt nur in bestimmten Regionen Europas und Deutschlands vor. Vor allem in südlichen Gebieten herrscht größere Infektionsgefahr. Dort tragen etwa 0,1 bis 1 Prozent der Holzbockarten das Virus im Speichel und übertragen es beim Blutsaugen. Sieben bis 14 Tage (Extremwerte zwei bis 28 Tage) dauert die Inkubationszeit, bevor es zu Fieber, Abgeschlagenheit, Kopfweh und Magen-Darm-Beschwerden kommen kann. Diese vermeintliche «Sommergrippe» dauert zwei bis vier Tage. Nach etwa acht Tagen ohne Beschwerden erreicht die Krankheit bei etwa zehn Prozent der Infizierten eine zweite, wesentlich gefährlichere Phase, bei der sich die Hirnhaut oder Teile des Gehirns entzünden. Als Folge können bleibende Schäden entstehen, ein Prozent der Erkrankten überlebt die Infektion nicht. Ist das FSME-Virus erst einmal in den Körper eingedrungen, lassen sich nur noch die Symptome mildern. Allerdings gibt es einen Impfstoff, der sich für Einwohner und Touristen in gefährdeten Gebieten empfiehlt.

Mit dem Bakterium *Borrelia burgdorferi* sind in Mitteleuropa schätzungsweise 20 bis 30 Prozent der Holzböcke infiziert. Nicht jeder Zeckenbiss ist ansteckend, wenn die Bakterien aber in den Körper geraten, verursachen sie die Lyme-Borreliose. Den Namen erhielt die Krankheit vom Städtchen Lyme im US-Bundesstaat Connecticut; dort erkrankten 1975 auffällig viele Menschen an einer mysteriösen Arthritis. Erst 1982 wurden als Ursache Borrelien überführt, die durch Zecken übertragen werden (siehe Kapitel 8, Seite 137). Oft, aber nicht immer entsteht bis zu vier Wochen nach der Infektion eine ringförmige Rötung, die sich ausbreitet. Wer diese Wanderröte *(Erythema chronicum migrans)* feststellt, sollte dringend einen Arzt aufsuchen, denn je früher die Bakterien bekämpft werden, desto größer ist die Heilungschance. Unbehandelt ziehen sich die Borrelien in schlecht durchblutete Winkel des Körpers zurück, die auch für das Immunsystem nur schwer zugänglich sind, beispielsweise in die Gelenkkapseln. Das führt zu vielgestaltigen und schwer einzuordnenden Symptomen: Fieber, Kopf- und Gliederschmerzen oder geschwollene Lymphknoten. Wochen oder Monaten nach dem Zeckenstich können die Bakterien Herz, Leber, Augen oder sogar das Nervensystem erreichen. Typisches Symptom ist dann die Lähmung des Gesichtsmuskels. Im Spätstadium kommt es neben Lähmungen, Gedächtnisstörungen und Pergamenthaut zu chronischen Entzündungen an den Gelenken, häufig an den Knien. Mit Hochdruck sucht man derzeit einen Impfstoff gegen die Lyme-Borreliose.

Während und nach Aufenthalten im Freien sollte man sich und vor allem Kinder daher genauestens auf Zecken hin absuchen. Dass man einen Holzbock «herausdrehen» muss, ist allerdings eine Legende; die Widerhaken am Stechapparat sind keineswegs schraubenförmig angeordnet. Auch sollte man den auf der Haut haftenden Parasiten keinesfalls mit Öl, Nagellack, Vaseline oder Alkohol zu betäuben versuchen. Dadurch wird dem Zeck nämlich übel und er speit sein möglicherweise bakterienverseuchtes Sekret in die Wunde. Am besten packt man die Zecke mit einer Pinzette (notfalls auch mit den Fingernägeln) an den Mundwerkzeugen und zieht sie heraus. Niemals sollte man sie quetschen und knicken, um zu vermeiden, dass man aus ihrem Leib die Erreger in die Wunde drückt.

Der beste Schutz bleibt, einem lauernden Holzbock nicht über den Weg zu laufen. Einen Ratschlag, der nicht alle Tierfreunde begeistern dürfte, hält Professor Lutz Gürtler parat: Auf Ausflügen ins Grüne, so der Mikrobiologe der Universität Greifswald, möge man den Hund vorausschicken.

Kapitel 5
Tierische Therapeuten

An einem 13. April vor einigen Jahren geriet Ludger Jaske mit der rechten Hand in den Fleischwolf. Der Daumen und drei Finger des damals 23 Jahre alten Metzgers aus dem niedersächsischen Gersten wurden zermalmt. Den kleinen Finger konnten die Notärzte retten und wieder annähen. «Ohne neuen Daumen hätte ich mit der Hand nie wieder greifen können», sagte Jaske. Ein Fall für die Spezialisten am Berufsgenossenschaftlichen Unfallkrankenhaus Hamburg-Boberg: In einem mehrstündigen Eingriff trennten die Chirurgen dem Verletzten die zweite Zehe des linken Fußes ab und nähten sie an die rechte Hand: als Ersatz für den Daumen. Doch nach einigen Tagen wurde die verpflanzte Zehe dick und dicker und färbte sich tiefblau – eine ungesunde Farbe in der Mikrochirurgie. Die blutpralle Zehe drohte zu platzen.

Die Ärzte versuchten mit blutverdünnenden Medikamenten, den Überdruck abzubauen, aber es gelang ihnen nicht. Da griffen sie zum letzten Mittel, um den Blutstau aufzulösen – zu den Blutegeln.

Die hungrigen Würmer gehören zu den seltensten und nützlichsten Geschöpfen im Lebensraum Mensch. Als Helfer in der Mikrochirurgie retten sie Gliedmaßen und angenähte Hautlappen. Doch sie sind nicht die einzigen «Biochirurgen», die für eine tierische Therapie bürgen. Auch Fliegenmaden können mancher Behandlung eine glückliche Wendung geben.

Wer nicht krank ist, bekommt den Blutegel hierzulande kaum mehr zu Gesicht. Die früher in Massen auftretenden Tiere sind heutzutage bei uns so gut wie ausgestorben. Ich hatte sie bisher nur einmal zu Besuch. Das war nicht beim Arzt und auch nicht im Badeweiher, sondern im Nordosten Thailands. Unter den weltweit 650 Vertretern der Ordnung *Hirudinea* gehören die in ganz Südostasien verbreiteten Landegel zur angriffslustigsten Spezies. Sie spüren einen Menschen nicht nur durch die verursachten Erschütterungen, sondern nehmen auch den Körpergeruch wahr. Gegen den Wind und in Scharen kriechen die schleimigen Sauger auf ihre Opfer zu.

All das wusste ich noch nicht, als ich vor ein paar Jahren mit einer Gruppe einheimischer Biologen durch den thailändischen Regenwald zog. Wir suchten nach seltenen Arzneipflanzen, rasteten schweißnass auf einer Lichtung – und fanden uns in einem Hinterhalt:

Aus dem grünen Dickicht bewegten sich dunkle Würmer mit Saugnäpfen auf uns zu. Sie richteten sich vor uns auf, robbten auf Waden, schlüpften in Ausschnitte und kletterten den Rücken empor. Meine Begleiter riefen wild auf Thailändisch durcheinander. Ich verstand nur ein Wort: *farang*. So heißen die Fremden und die Aufforderung war an mich gerichtet. Ich hatte nämlich als einziger der Exkursion ein Feuerzeug dabei. So fiel mir in den dramatischen Minuten, die nun folgten, eine wichtige Aufgabe zu, denn Egel, die zugebissen hatten, ließen unter der Hitze der Flamme von ihren Opfern ab. Einer der drei Zentimeter langen Blutsauger blieb unentdeckt. Er hatte sich auf dem Schulterblatt der Expeditionsleiterin festgesaugt und wurde dann, Stunden nach unserer glücklichen Flucht, durch den Rucksack zerquetscht. Das geplatzte Tier hinterließ auf dem Hemd der Gebissenen einen roten Fleck, der ihren halben Rücken bedeckte.

Humphrey Bogart und die «scheußlichen Teufel»

Als wohl prominentestes Egelopfer bleibt Humphrey Bogart in Erinnerung. Im Film «African Queen» watet er durch einen tropischen Fluss und ist danach mit Saugwürmern übersät. «Wenn ich etwas auf der Welt hasse», schimpft er, «dann Blutegel – diese scheußlichen Teufel!»

Der Befall mit Egeln, die *Hirudiniasis*, gehörte noch vor gut 150 Jahren zum Alltag. Menschenblut hieß damals die Hauptmahlzeit der Zwitter, die auch hierzulande in Badeseen und Fischteichen lauerten. Bereits früh erkannte man ihren Wert für die Heilkunde, was unserer heimischen Art den Namen gab: *Hirudo medicinalis*, der Medizinische Blutegel. Bader und Medizi behaupteten damals, die Tiere saugten die schlechten Säfte aus dem Körper und ließen die guten zurück. Den Egeln war es recht: Sie berauschten sich am Blut von Abermillionen Patienten. Bei Trübsinn, Fettsucht, Kopfschmerzen, Schlagfluss, Venenentzündung, geschwollenen Hoden, Abszessen oder etwa der schmerzhaften Dauererektion *Priapismus* suchte man Heilung durch den tierischen Aderlass. In Frankreich wurden in Spitzenjahren an die 32 Millionen Blutegel für medizinische Zwecke gebraucht. Mit nackten Beinen wateten Egelfänger durch Teiche und Bäche, auf dass die Saugwürmer anbissen. Aus manchen Gewässern fing man auf diese Art bis zu 2500 Egel; 1824 wurden in einer einzigen Ladung fünf Millionen Tiere von Deutschland nach England verschifft, um die dortige Nachfrage zu decken.

Der Wissenschaftsautor Richard Conniff berichtet: «Einkäufer gingen auf Raubzug in Osteuropa, und sie richteten eine derartige Verwüstung an, dass die russische Regierung Zölle erhob und eine Schonzeit für Egel einführte.»

Das natürliche Vorkommen der Blutegel wurde durch die massenhafte Entnahme so stark dezimiert, dass Franzosen und Deutsche im 19. Jahrhundert mit der Egelzucht begannen. Auf einer Fläche von der Größe eines Fußballfeldes waren ungefähr zehn klapprige Pferde nötig, um die Egelbrut zu ernähren. In Deutschland hat sich *Hirudo medicinalis* von dem großen Aderlass nicht erholt. Das Trockenlegen der Landschaft tat ein Übriges, dass er heute in Mitteleuropa nur noch äußerst selten vorkommt.

Blutegel als Mikrochirurgen

Seit kurzem hat der Blutegel, als Assistent in der modernen Mikrochirurgie, einen Weg zurückgefunden zu seiner einstigen Hauptspeise Mensch. Als es darum ging, den Blutstau in Ludger Jaskes Zehe aufzulösen, bestellten seine Ärzte per Telefon in der Apotheke des Hamburger Universitätskrankenhauses Eppendorf (UKE) ein Dutzend Blutegel, die sofort mit einem Taxi losgeschickt

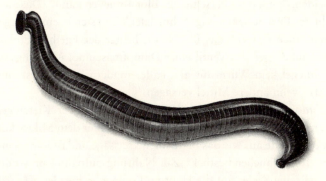

Medizinischer Blutegel *(Hirudo medicinalis)* mit je einem Saugnapf am Vorder- und Hinterende. Der größere Saugnapf dient der Fortbewegung, der kleinere umgibt die Mundöffnung.

wurden. Manche Klinikzentren haben stets 50 bis 100 Tiere vorrätig. Gefüttert werden Zuchtegel nicht, damit sie für ihren Einsatz am Patienten hungrig genug sind. Allein in den Vereinigten Staaten werden jedes Jahr etwa 65 000 Egel – häufig per Luftfracht – zu Notfällen gebracht. Mediziner setzen sie Patienten an wieder angenähte Finger, Nasen, Zehen und Ohren. Schönheitschirurgen positionieren sie auf operierten Brüsten, Tierärzte auf verletzten Gliedern von Rassehunden und Rennpferden.

Beim Replantieren abgetrennter Gliedmaßen und Gewebelappen können Chirurgen die vergleichsweise dickwandigen Arterien unter dem Mikroskop meist problemlos miteinander verbinden. Die feinen Venen hingegen lassen sich nicht so leicht verknüpfen und verstopfen schnell. «Die Arterie pumpt sehr gut rein, die Vene leitet aber nicht so gut ab», sagt Rainer Schmelzle, Chirurg am Universitätskrankenhaus Eppendorf. Die Folge: Das angenähte Gewebe schwillt an, die Blutfülle drückt jetzt zusätzlich auf die schwachen Venen und der Abfluss des Blutes wird noch schlechter. In der kritischen Situation könnte man mit einer Kanüle das sich dunkel färbende Gewebe «sticheln» oder mit dem Skalpell anschneiden, damit das überschüssige Blut abfließen kann. «Das alles macht der Egel perfekt», sagt Schmelzle. Wenn sich in einem angenähten Stück Gewebe das Blut staut, bringt der Egelbiss Entlastung, ähnlich wie das Ventil einer Dampfmaschine. Allerdings ist der Blutegel kein Wurm für alle Fälle, sondern kommt erst zum Einsatz, wenn andere Mittel versagen.

Hirudo medicinalis gehört zur Unterordnung der Kieferegel, denn im Schlund trägt er drei Kieferplatten. Unter dem Mikroskop sieht eine Platte aus wie das Blatt einer Kreissäge und ist jeweils mit 60 bis 100 Zähnchen bestückt. Zur Nahrungsaufnahme presst der Blutegel seine Kiefer auf die Haut und schneidet mit den Kreissägen eine Öffnung. Die dunkelbraunen bis olivgrünen Schmarotzer nehmen bis zu 15 Milliliter Blut in ihre zahlreichen Magenblindsäcke auf, ehe sie nach etwa 20 Minuten träge von ihrem Patienten ablassen und von ihm abfallen. Aus der Bissstelle in Form eines Mercedessterns blutet es noch stundenlang, sodass man noch einmal bis zu 50 Milliliter Blut verliert. Der Speichel des Egels enthält das Protein Hirudin: Es wurde 1884 entdeckt und war die erste bekannte natürliche Substanz, um die Gerinnung des Blutes zu unterbinden. Heute weiß man, dass Hirudin das Spaltenzym Thrombin hemmt, das in den komplexen Abläufen der Gerinnung eine Schlüsselfunktion einnimmt. Doch nicht nur für den Sekretfluss an der Bissstelle ist Hirudin wichtig, sondern auch für den Stoffwechsel des Egels selbst, denn es hält die Blutmahlzeit im Egeldarm flüssig, damit das voll gesogene Tier nicht inwendig erstarrt.

Es ist ein noch nicht genau identifizierter Cocktail biochemischer Wirkstoffe, der es dem Egel ermöglicht, eine ungestörte Mahlzeit abzuhalten. Eine Substanz weitet die Gefäße; ein anderes Molekül weicht das Gewebe auf, damit der Egelspeichel auch in die Umgebung der Wunde einsickern kann. Ein dritter Stoff wirkt als Schmerzmittel, damit das Opfer die Egelattacke nicht spürt. Bei gezieltem Aderlass am Patienten schwindet somit der Überdruck aus dem Replantat. Es bilden sich neue Venen, die das sauerstoffarme Blut abtransportieren – das Gewebe leuchtet wieder rosig. Vor allem amerikanische Ärzte bevorzugen die lebenden Schröpfköpfe immer häufiger gegenüber medikamentösen Gerinnungshemmern (Antikoagulanzien). Die Nachfrage nach ihnen hat sich in den Vereinigten Staaten in einem Jahrzehnt vervierfacht und schätzungsweise 5000 amerikanische Patienten lassen sich jedes Jahr beißen.

Der Hoffnung auf Heilung durch die Saugtherapie lebender Würmer – oder ist es die Lust, sich aussaugen zu lassen? – gibt sich mittlerweile auch eine wachsende Zahl von Bundesbürgern hin und lässt sich die Blutfresser von ihrem Heilpraktiker ansetzen. Eine Veröffentlichung der International Federation of Heilpraktiker mit Sitz in Meckenheim rät seinen Mitgliedern zur Vorsicht: «Es kann Ihnen bei der Herausnahme mit bloßen Fingern, aber auch mit Schutzhandschuhen, passieren, dass der hungrige Egel gierig Ihre Fingerkuppe schnappt und sich festbeißt.» Vor einem Einsatz im Gesicht müsse man den Patienten darauf hinweisen, dass der Biss eine «kleine sternförmige Narbe» hinterlassen könne. Zudem solle man nicht mehr als zehn Tiere auf einmal ansetzen.

Nach dem Konzept der Naturheilkunde entzieht der Egel dem menschlichen Körper Giftstoffe und hilft gegen Migräne, Herzenge, Furunkel, Unruhe und etwa 20 weitere Leiden. Die Tiere soll der Heilpraktiker aus hygienischen Gründen nach dem Gebrauch töten – was viele jedoch kaum übers Herz bringen. «Sollten Sie aus ethischen Gründen einen Egel überleben lassen wollen», heißt es in der Publikation, «dann muss er dort ausgesetzt werden, wo auch die Möglichkeit des Überlebens besteht, und das ist in sauberem Bachwasser.» Ein unverantwortlicher Rat, denn zumindest theoretisch kann ein Egel die aufgenommenen Krankheitserreger verbreiten. In der Schulmedizin werden die Egel daher nach dem Einsatz am Patienten getötet.

Die Farm der Säufer

Dass die Tiere in vielen Operationssälen wieder ihren Dienst aufgenommen haben, freut besonders die Egelzüchter. Die Firma Biopharm hat auf einer Farm im walisischen Dorf Hendy mehr als 50000 Tiere vorrätig und schickt sie zu Notfällen in alle Welt. Die Zuchtegel bekommen in Wursthäute gefülltes Schweineblut, werden aber nur alle sechs Monate gefüttert. In Deutschland züchtet die Firma Zaug im hessischen Biebertal die Tiere, verschickt etwa 80000 im Jahr und nimmt sogar «gebrauchte» Egel zurück; sie kriegen in einem alten Fischteich ihr Gnadenbrot. Hierzulande sind die tierischen Therapeuten in Apotheken für etwa zehn Mark das Stück plus Versandkosten zu haben.

Schätzungsweise 160000 Blutegel – sie gelten als nicht zulassungspflichtige Arzneimittel – werden jedes Jahr in Deutschland eingesetzt, die meisten von Heilpraktikern. In vielen Krankenhäusern sind sie dagegen noch seltene Gäste. Manche Ärzte fürchten, dass die kleinen Viecher die Patienten mit Viren oder Bakterien infizieren können. Doch bisher konnten weltweit noch keine Entzündungen und Krankheiten festgestellt werden, die eindeutig durch Egel verursacht oder übertragen worden wären. Dennoch: In der

Krankenhausapotheke des UKE in Hamburg wird jedes Tier vorsorglich täglich von Schleim gereinigt und in frisches Wasser gesetzt.

Die ausgefallenen Gäste verlangen größte Aufmerksamkeit. «Hungrige Egel lassen sich kaum kontrollieren und brauchen einen Dompteur», erzählt Rainer Schmelzle, «und wenn man sie an Nase oder Lippe ansetzt, muss man aufpassen, dass sie nicht nach innen abwandern.» Mit ihren zwei Saugnäpfen an Kopf und Körperende klettern sie behänder als die meisten Affen. Noch eleganter ist ihr Schwimmstil: Leonardo da Vinci skizzierte Blutegel für seine Studien der Lokomotion. Sie machen sich platt wie ein Ruderblatt und bewegen sich geschmeidig mit der Wellenbewegung voran.

Zähe Hungerkünstler

Die Wendigkeit der Würmer erschwert manchmal ihren Einsatz in der Medizin. Schnell wittern sie die Stelle, an der es sich gut saugen lässt. Also streichen Chirurgen eine Zuckerlösung auf das angenähte Gewebe, um es den Egeln schmackhaft zu machen. Bei Metzger Ludger Jaske schmausten die Tiere brav an der blutvollen Zehe. «Der Leib des Schmarotzers dehnt sich dabei auf das Drei- oder Vierfache seines ursprünglichen Umfangs aus», notierte der Zoologe Alfred Edmund Brehm, «und die bei solcher ergiebigen Mahlzeit dem Opfer entzogene kostbare Flüssigkeit genügt dann dem Egel, wenn nötig, für viele Monate.»

Der Säufer ist meisterlich daran angepasst, lange «Durststrecken» zu überstehen. Im Darm des Egels wird das Blut durch Wasserentzug eingedickt und verdaut – ein Vorgang, der bis zu einem halben Jahr dauern kann. Der im Tierreich rekordverdächtige Akt der Langsamkeit gelingt dem Wurm nur, weil er – wie der Mensch – von hilfsbereiten Darmbakterien besiedelt ist. Einerseits zerlegt *Aeromonas hydrophila* das Blut mit seinen Enzymen, zum anderen verströmt das Bakterium ein Antibiotikum, das Fäulniskeime abtötet und den mikrobiellen Abbau des Darminhalts verhindert. *A. hydrophila* teilt die Nahrung so sparsam zu, dass der Egel bis zu eineinhalb Jahre mit nur einer Mahlzeit auskommt. Wegen dieser zähen Genügsamkeit empfahlen Zoologen ihn als Versuchstier für lange Fahrten in den Weltraum, um Lebensfähigkeit und Körperfunktionen unter extremen Bedingungen zu testen.

Patienten zeigten überraschend wenig Scheu vor den genügsamen Naturen, berichtet Anna-Maria Selzer, Chirurgin am Hamburger Unfallkrankenhaus. Bei einem Notfall am Heiligabend setzte die Ärztin einer älteren Frau gleich zehn Blutsauger an. «Die reizende Frau war sehr erfreut über diese Weihnachtsgeschenke, weil dadurch der angenähte Lappen auf ihrem offenen Knie gerettet werden konnte.»

Dass er blutdürstenden Schröpfern zum Opfer fiel, war auch Metzger Ludger Jaske ziemlich egal. «Hauptsache», sagte er, «die Operation wird was.» Die Egel wurden so lange angesetzt, bis die Venen in dem replantierten Gliedmaß endlich nachgewachsen waren: Der neue Daumen überlebte.

Egelprotein gegen Herzinfarkt

Auch die Pharmaindustrie ist auf den Egel gekommen. Forscher haben Hefezellen gezüchtet, die wie in einer biologischen Chemiefabrik das Hirudin herstellen. Dabei modifizierte man per Gentechnik das Erbmolekül des Egelproteins, sodass es noch länger wirkt. Das gentechnisch hergestellte Hirudin wird zum Beispiel Patienten, die eine künstliche Hüfte erhalten, zur Vorsorge gegeben. Das soll die Bildung gefährlicher Blutpfropfen, die Thrombose, verhindern. Erste klinische Tests deuten an, dass das Wirkprotein auch dem Herzinfarkt vorbeugt. In einer internationalen Studie mit 10 000 Patienten, die über Herzenge *(Angina pectoris)* klagten, erwies sich das Hirudin als wirksamer als der gängige Thrombosehemmer Heparin. Für den Vergleich wurden die Probanden in zwei Gruppen eingeteilt und erhielten entweder eine 72-stündige Infusion Heparins oder Hirudins. Es zeigte sich in der anschließenden Beobachtungsphase, dass die Häufigkeit für Infarkte oder Herztod in der Hirudin-Gruppe um 24 Prozent reduziert war.

Transplantationsmediziner überlegen jetzt, Spenderorgane mittels Hirudin verträglicher für den Empfänger zu machen. Die Idee: Wenn man das Gen in Spenderorgane einbaut, dann würde das Hirudin-Protein dort die Gerinnung hemmen und somit auch die Ablagerung bestimmter Zellen unterbinden. Just diese Ablagerungen sind eine wesentliche Ursache chronischer Abstoßungsreaktionen.

Nicht nur Ärzte schätzen den Egel. Informatiker der amerikanischen Universität Georgia-Tech entwickelten 1999 einen «lebenden Computer», der mit Nervensträngen von Blutegeln arbeitet und bereits einfache Rechenaufgaben löst. Wie der Leiter der Abteilung für angewandte Chaosforschung, William Ditto, mitteilte, haben er und seine Mitarbeiter lebende Neuronen von Blutegeln mit elektronischen Bauteilen aus Silizium gekoppelt und so mit einem herkömmlichen Computer verknüpft. Die zusammengeschalteten biologischen Elemente hätten dann simple Rechenaufgaben bewältigt. In einigen Jahren werde es Rechner aus biologischem Material geben, prophezeit William Ditto. «Ideal wäre ein Computer, der sich wie ein Gehirn verhält.»

Heilfraß der Maden

Wechselvoll wie die Geschichte des Medizinischen Blutegels verlief das Schicksal der Goldgrünen Schmeißfliege. Auch sie war schon früh in der Heilkunst bekannt, geriet in Vergessenheit und erlebt seit kurzem eine glänzende Renaissance als «Biochirurg». Das auch als «Goldfliege» bezeichnete Mitglied der Insektenordnung *Diptera* (Zweiflügler) kommt auf der ganzen Welt vor und surrt hierzulande von April bis Oktober durch Haus, Hof und Garten.

Von den 120 000 Fliegenarten, die es auf der Erde gibt, sind vermutlich die meisten schon einmal auf einem Menschen gelandet. Mehr als ein Dutzend Arten betrachten unsere Wohnung als die ihrige. Einige Fliegen nehmen das offene Fenster als Einladung für eine Visite; andere bleiben gleich das ganze Leben in den gemeinsamen vier Wänden. Die Große Stubenfliege (*Musca domestica*) ist ein Gast, den wir schon domestiziert hatten, bevor wir den Begriff «Stube» kannten. Dass ihr Heranbrummen uns nach all der gemeinsam durchlebten Evolutionszeit noch immer erheblich beunruhigt, ist berechtigt: Man weiß nie, wo sie genau herkommt. Wenn eine Große Stubenfliege von einem Misthaufen losdüst und sich wenige Minuten später auf unsere Speisen setzt, dann schleppt sie auf Mundwerkzeugen und Körperborsten bis zu fünf Millionen Keime mit sich.

Famose Fresssäcke

In das finstere Bild fügt sich die Goldgrüne Schmeißfliege (*Lucilia sericata*) nur scheinbar ein. Sie leckt an Nahrungsmitteln und legt ihre Eier, aus denen am nächsten Tag winzige Maden schlüpfen, in Wunden des Menschen. Bei der Eiablage ist das Weibchen blitzschnell, sodass Gelehrte des Altertums Maden lange Zeit für Würmer hielten, die auf wundersame Weise «spontan» in toter oder faulender Materie entstünden.

Wie flink *L. sericata* ihre Eier ablegt, erfuhr vor wenigen Jahren ein Feuerwehrmann aus Württemberg am eigenen Leib. An einem schönen Sommertag hielt der Mann einen Mittagschlaf auf seinem Balkon; sein Fuß war wegen einer offenen Wunde verbunden und auf die umherschwirrenden Fliegen achtete er nicht weiter.

Als der Chefarzt Wim Fleischmann im Krankenhaus Bietigheim einen Tag später den Verband entfernte, schraken er und der Patient zusammen: In der Wunde herrschte reges Treiben. Weiße Maden krochen über das faulige Fleisch. Die Klinikärzte entfernten die Tiere und legten einen desinfizierenden Verband an. Doch der Entzündungsherd weitete sich aus und die Ärzte waren in Gedanken schon bei der Amputationssäge. Da besann sich Wim Fleischmann: «Dem Mann ging es bei seiner Einlieferung mit den Maden in der Wunde sehr viel besser als nach der Behandlung in der Klinik.»

Kurzerhand ließ er zu, was er vorher mit Desinfektionsmitteln bekämpft hatte. Die weißen, millimeterkleinen Fresssäcke zeigten eine famose Wirkung, denn sie ließen das gesunde Gewebe in Ruhe, vertilgten und entfernten das faulende, eiternde, stinkende Gewebe und säuberten dadurch die Wunde. Der Feuerwehrmann konnte so seinen Fuß retten und ist schon längst wieder im Einsatz.

Dass diese ebenso gründliche wie ungewöhnliche Reinigung viele Wunden schnell verheilen lässt, war erstmals Militärärzten aufgefallen, als sie Verwundete von den Schlachtfeldern bargen. Deren madigen Verletzungen sahen besser aus als die jener Kameraden, die man im Feldlazarett aseptisch zu behandeln versuchte. Auch der amerikanische Arzt William Baer lernte im Ersten Weltkrieg die heilsame Kraft der Fliegenlarven kennen. Nach seiner glücklichen Rückkehr förderte er an der Johns-Hopkins-Universität in Baltimore die Madentherapie in der zivilen Medizin. William Baer setzte sie bei Kindern mit Knochenentzündungen ein und heilte 80 Prozent der jungen Patienten. Von 1930 an wurde der Heilfraß Gegenstand vieler Publikationen und eine Pharmafirma spezialisierte sich auf die Zucht der Fliegenmaden zu Therapiezwecken.

Auch im Zweiten Weltkrieg machten Soldaten die Bekanntschaft mit den Larven der Goldgrünen Schmeißfliege. Günter Smentek ist nur einer von vielen, denen sie das Leben gerettet haben. Ein Sprenggeschoss zerfetzte dem Wehrmachtsoldaten im September 1943 südlich der ukrainischen Stadt Charkow die linke Hand. Der Verwundete geriet in Gefangenschaft. Ein russischer Chirurg amputierte die Hand, weil schon Gasbrandbakterien in der Wunde wüteten. Smentek erinnert sich: «Unmittelbar nach der Amputation wurde ich in ein Waldlager nahe Woronesh transportiert. Nach einer Woche Güterwagenfahrt ohne ärztliche Betreuung traten erneut die schon erfahrenen Schmerzen auf. Erst zwei Tage danach öffnete eine Ärztin den stark durchnässten Verband. Als sie das Herumtoben der fresswütigen Maden sah, war sie hoch erfreut, denn weder Wildfleisch und Eiter noch Geruch konnte sie bemerken.» Tatsächlich verheilte die Wunde. Günter Smentek lebt heute als Rentner in Essen. Wann immer er Schmeißfliegen sehe, sagt er, «ziehe ich vor meinen Quälgeistern und Rettern dankend den Hut».

Obwohl vermutlich Tausende von Kriegsheimkehrern ihr Leben der Heilkraft der Fliegenlarven zu verdanken haben, konnten die Maden sich in der Wundchirurgie nicht etablieren. Gegen die gerade auf den Markt gekommenen Antibiotika hatten die Patienten weniger Vorbehalte und sie bekämpften bakterielle Wundinfektionen scheinbar effektiver.

Mittlerweile sind die Maden aber wieder gefragt, denn immer mehr Bakterienstämme werden resistent gegen Antibiotika. Insbesondere ältere Menschen leiden häufig an chronischen Wunden, die mit herkömmlichen Methoden kaum noch zu behandeln sind. In Deutschland ist Wim Fleischmann Vorreiter der Madentherapie. Der Unfallchirurg hat in zwei Jahren rund 150 Patienten behandelt, die an Geschwüren, wund gelegenen Stellen und Knochenmarkentzündungen litten. Eine nässende Wunde am rechten Fuß eines Diabetikers zum Beispiel war drei bis vier Wochen nach Beginn des Fraßes verheilt. Ähnlich erging es 80 Prozent der in Bietigheim behandelten Patienten, die durch die Madentherapie geheilt werden konnten.

Auch wenn manche Menschen Unbehagen verspüren – Grund zur Furcht besteht nicht. Die steril aufgezogenen Maden fressen niemals gesundes Gewebe. Und sie bleiben nicht in der Wunde zurück, denn sie verpuppen sich nach wenigen Tagen und entschweben als Fliegen. Unbekannt ist bislang die chemische Zusammensetzung des Verdauungssaftes, den die Tiere absondern. Er wehrt Mikroben ab und verflüssigt abgestorbenes Gewebe in eine Art Nährlösung, die dann von den Fliegenlarven begierig aufgenommen wird. Dabei entfernen sie nicht nur totes Fleisch, sondern verschlingen auch Eiter und Bakterien. Mit ihnen schwindet der Wundgestank. Vermutlich befinden sich im Verdauungssaft der Maden sogar Stoffe, die das Gewebewachstum in der Wunde und damit den Heilungsprozess anregen. Und schließlich scheint sogar das mechanische Knabbern der Tiere Heilkräfte zu aktivieren – ein Effekt, der aber noch nicht bewiesen ist.

Parasiten aus den Tropen

Die Patienten in Bietigheim spüren während der Behandlung keinen Schmerz – aber sie fühlen die Bewegungen der Maden. Das erklärt die eher emotionalen Vorurteile gegen die tierischen Helfer: Manche Kranke haben Angst, dass die Larven sie von innen aushöhlen könnten. An Furcht einflößenden Beispielen aus der Fliegenwelt mangelt es nicht: Die Maden der afrikanischen Tumbufliege *(Cordylobia anthropophaga)* verschwinden in der Haut, wo sie sich zwei Wochen lang voll fressen, bevor sie dann wieder hinausrobben und den Wirtskörper verlassen. Ebenfalls von Bedeutung für den Menschen ist die Dasselfliege *(Dermatobia hominis)* Lateinamerikas. Das Weibchen berührt den Menschen nicht, sondern klebt seine Eier an eine Stechmücke oder an ein anderes Fluginsekt, das uns ansteuert. Kaum ist der Eierüberträger auf dem menschlichen Körper gelandet, spürt die Dasselfliegenlarve die Körperwärme, schlüpft aus dem Ei und bohrt sich unter die Haut. In einer schmerzenden Beule wächst das Tier zu einer Länge von zweieinhalb Zentimetern heran. Das Loch dient der Atmung und später als Ausstieg. Schwacher Trost: Der Parasit bohrt sich nicht in die Tiefe und schädigt somit nur das Unterhautgewebe. Zu den Folgen dieser Besiedlung gehören Unwohlsein, Schmerzen – und die beunruhigende Gewissheit, lebende Mitbewohner zu haben, die uns als ihre Lebensgrundlage betrachten.

Versucht man, parasitierende Larven zu entfernen, richtet das oft mehr Schaden an, als wenn man sie gewähren lässt. Legt man allerdings rohen Speck über die Stelle, an der man die Made vermutet, wandern sie innerhalb einiger Stunden in den Köder.

Furchtbarer sind nur noch die Larven der amerikanischen Schraubenwurmfliege. Ihr wissenschaftlicher Name *Chochliomyia homini vorex* lässt einen erschauern: die «Menschenfresser»-Fliege. Ihre Maden krabbeln in Körperöffnungen wie Nase oder Vagina und entstellen ihre Opfer auf grauenhafte Weise. Manchmal kann ihr Befall auch zum Tod führen.

Heilung durch Viren?

Das größte medizinische Potential bergen die kleinsten Besiedler des Menschen, die Viren: Die gerade einmal 20 bis 450 Nanometer kleinen Winzlinge sollen künftig heilende Gene in defekte Körperzellen schleusen. Das ist das Prinzip der Gentherapie, die schon heute immense Hoffnungen unter kranken Menschen weckt. Obwohl sie noch in den Kinderschuhen steckt und noch nie einen kranken Menschen heilte, haben sich seit 1990 mehr als 2000 Patienten klinischen Versuchen unterzogen. Die Gentherapeuten träumen davon, schwerste und bisher unheilbare Erbkrankheiten wie Mukoviszidose, Muskeldystrophie oder etwa familiäre Hypercholesterinämie in absehbarer Zeit kurieren zu können. Weit mehr als die Hälfte aller klinischen Versuche läuft an krebskranken Menschen, deren Immunsystem man darauf trimmen will, Krebszellen besser zu erkennen und anzugreifen. Dazu stattet man Tumorzellen mit Genen aus, die Abwehrzellen anlocken. Andere Forscher versuchen, Gene in Tumoren einzuschleusen, die die bösartig wuchernden Zellen kamikazeartig in den Selbstmord treiben.

Für alle Ansätze ist entscheidend, dass das therapeutische Gen auch tatsächlich im Kern der kranken Zelle ankommt. Was liegt da näher, als ein Virus zum Transportmedium zu machen? Schließlich sind die Winzlinge von Natur aus wahre Meister, wenn es darum geht, genetische Informationen in fremde Zellen hineinzuschleusen. Viren bevölkern – auch auf unserem Körper – das Schattenreich zwischen Belebtem und Unbelebtem. Sie bestehen fast ausschließlich aus ihren Genen, die ein Schutzmantel aus Proteinen umhüllt. Außerhalb von Wirtszellen sind sie handlungsunfähig: Sie können sich nicht vermehren, weil sie keinen eigenen Stoffwechsel besitzen. Doch gleichen sie dieses Manko aus, indem sie mit ausgeklügelten Strategien Wirtszellen entern und ihre eigenen Gene in deren Kerne einschleusen. Das Rhinovirus beispielsweise ist ein häufiger und vergleichsweise harmloser Besucher. Es nistet sich gezielt in die Zellen der Mundschleimhaut ein und bewirkt von dort aus den lästigen Schnupfen.

Zellpiraten als Arzthelfer

Die Kunst der Zellpiraterie wollen die Ärzte für ihre Zwecke einsetzen. Per Gentechnik versuchen sie, die Viren sicher zu machen, indem sie gefährliche Gene herausschneiden und therapeutische Gene einsetzen. Die so manipulierten Piraten sollen dann die Zellen entern und ihre – diesmal heilbringende – Genfracht in die Kommandobrücke einbringen.

Neben den Viren gibt es noch andere Methoden, Gene von außen in eine Zelle zu schleusen, indem man beispielsweise das Gen direkt durch eine Mikroinjektion in die Zelle spritzt. Oder man beschichtet winzige Kugeln aus Wolfram oder Gold mit dem Erbmolekül DNS und schießt sie mit einer Art Kanone in die Zelle (Partikelbeschuss). Auch kann man die DNS in kleine Hohlkügelchen aus Fettmolekülen stecken und sie mit der Oberfläche der Zielzelle verschmelzen lassen (Liposomenfusion).

Die meisten Biologen hielten Viren von Anfang an für das eleganteste Übertragungssystem. Bereits bei der weltweit ersten Gentherapie im September 1990 dienten so genannte Retroviren als Genfähren. Mit ihnen hatte man ein Enzym in die weißen Blutkörperchen eines vier Jahre alten Mädchens geschleust.

107

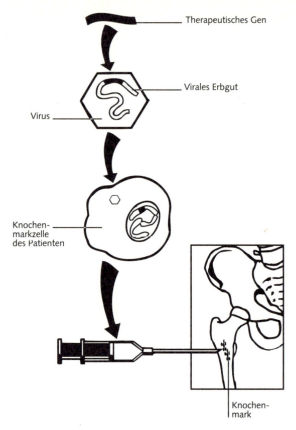

Therapeutische Gene in kranke Zellen zu schleusen ist das Ziel der Gentherapie. Dazu werden Viren mit entsprechend manipuliertem Genmaterial beladen und infizieren in der Kulturschale die Zellen (hier Knochenmarkzellen) des Patienten. Sobald das Virus das gesund machende Gen eingeschmuggelt hat, kann die Zelle in den Körper des Patienten injiziert werden.

Retroviren siedeln in jedem Menschen. Viele Arten sind noch gar nicht von der Wissenschaft bemerkt worden, weil sie uns nicht schaden. Die Wissenschaftler kümmern sich da lieber um die RNS-Tumorviren, die Krebs bewirken, oder etwa um das HI-Virus, das

Zellen unseres Immunsystems überfällt und dadurch Aids auslöst. *Retro* ist das lateinische Wort für «zurück» und beschreibt die umgekehrte Richtung des genetischen Informationsflusses. Üblicherweise entsteht aus der Erbsubstanz DNS die RNS, die ihrerseits die Information für die Bildung des entsprechenden Proteins trägt. Retroviren können auch anders: Sie verfügen über das Enzym *Reverse Transkiptase*, das die Nukleinsäure RNS in die Erbsubstanz DNS übersetzt. Diese DNS wird dann in das Erbgut der Wirtszelle eingebaut. Und genau das ist das Ziel der Gentherapie.

Gentherapie als Genlotterie

Retroviren haben aber auch Nachteile: Einerseits nisten sie sich mehr oder weniger wahllos in eine ganze Reihe verschiedener Zelltypen ein, befallen sie aber die falsche Zelle, kann das fatale Folgen haben. Andererseits befallen sie keine Zellen, die sich nicht oder nur selten teilen. Dazu gehören Nerven- und Skelettmuskelzellen. Und schließlich weiß man nie, an welche Stelle des Erbguts das Retrovirus die DNS einbaut. Wie beim Schiffeversenken kann es sein, dass es einen verheerenden Treffer landet – und so entweder die ganze Zelle zerstört oder zu bösartigem Wachstum anregt.

Die erste Gentherapie, bei der Retroviren als «Genfähre» dienten, brachte keinen überzeugenden Erfolg, weil der Versuch recht verworren angelegt war: Das damals behandelte Mädchen, die Amerikanerin Ashanti DeSilva, erhielt nicht nur Retroviren, sondern bekam zugleich das ihr fehlende Enzym direkt gespritzt. Auf diese bewährte Behandlung durften die Gentherapeuten aus ethischen Gründen nicht verzichten. Heute geht es dem Mädchen zwar gut, doch niemand weiß, ob die Gentherapie daran ein Verdienst hat.

Inzwischen sind Adenoviren die Favoriten vieler Gentherapeuten, denn sie sind treue Siedler. Wenn sie erst einmal auf einem Menschen gelandet sind, dann bleiben sie für immer. Sie befallen die Zellen der Atemwege und das Drüsengewebe der Gaumenmandeln und verbreiten sich auf engem Raum mit hohem Tempo – am schnellsten unter Soldaten in Kasernen, unter Heimkindern und unter Häftlingen. Mehr als 40 Typen der weltweit verbreiteten Winzlinge sind bekannt und sie stellen die Wissenschaft vor ein Rätsel. Während einige Adenotypen in Ratten und Hamstern Krebs auslösen, gibt es im Menschen dafür keinerlei Hinweise. Bei uns verursachen sie meist nur leichte Infektionen in Rachen und Hals, Bindehaut- oder Magen-Darm-Entzündungen. Nur wenn der Befallene unterernährt und bei schlechter Gesundheit ist, was in den Ländern der Dritten Welt oftmals der Fall ist, kann das Adenovirus schwere Leiden verursachen. Sonst aber überwindet der Organismus mit seinen Abwehrkräften die Symptome binnen weniger Tage. Der Mensch kann sie zwar nicht gänzlich töten, hält sie aber fortan in Schach und lebt gesund mit ihnen.

Im Unterschied zu den Retroviren können Adenoviren beinahe alle menschlichen Zelltypen befallen. Und ihre natürliche Vorliebe für Epithelzellen, die den Atemtrakt und die Blutgefäße auskleiden, kommt den Gentherapeuten wie gerufen. So entwickelten amerikanische Wissenschaftler aus gentechnisch veränderten Adenoviren ein Spray für Lungenkranke. Genauer gesagt, litten die Patienten an der Stoffwechselkrankheit Mukoviszidose, was so viel wie «Zähschleimigkeit» bedeutet: Lungen und Verdauungsorgane der Kranken werden durch einen Schleim verklebt. Die Ursache der häufigen Erbkrankheit, die in Deutschland 6000 bis 8000 Menschen haben, ist ein defektes Protein. Auf der Oberfläche von Lungen- und Schweißzellen ist es normalerweise für den Transport von Salzen zuständig. Um das intakte Gen in die Lunge zu bekommen, erschienen Adenoviren als ideale Genfähren.

Mysteriöse Todesfälle

Schon erste Versuche mit den Adenoviren haben gezeigt, dass hier viele Teufel im Detail stecken. Es kann passieren, dass die Viren rasch vom Immunsystem des Befallenen (bei der Gentherapie: des Behandelten) erkannt und samt den heilsamen Genen außer Gefecht gesetzt werden. Erfüllt ein Adenovirus dennoch seinen Auftrag, dann wirkt das von ihm eingebrachte Gen häufig nur für kurze Zeit. Ergebnis der Spray-Versuche: Das neue Gen korrigierte zwar bei einigen Mukoviszidosepatienten den gestörten Salztransport, doch ging der heilsame Effekt allzu rasch vorbei. Weiteres Problem: Die Patienten sind vermutlich generell unterschiedlich gegen Adenoviren immunisiert. Denn einige Menschen sind ihnen im Laufe ihres Lebens begegnet und haben durch den Kontakt Antikörper gegen die Viren gebildet. Andere Menschen dagegen hatten keinen Kontakt und deshalb auch keine Antikörper.

Die dennoch ungebrochene Euphorie der Gentherapeuten erhielt im September 1999 einen schweren Dämpfer: Ein 18 Jahre alter Patient in den Vereinigten Staaten starb, nachdem man ihm vier Tage zuvor gentechnisch veränderte Adenoviren gespritzt hatte. Sein Tod ist besonders tragisch, da er trotz eines Stoffwechseldefekts ein vergleichsweise gesunder Mensch war. Nach wochenlangen Spekulationen gaben die zuständigen National Institutes of Health damals bekannt, dass sich in den vergangenen 19 Monaten insgesamt sechs Todesfälle im Verlauf von Gentherapien ereignet hatten. Die verantwortlichen Forscher erklärten ihr langes Schweigen damit, die Todesursache sei in keinem der Fälle direkt auf die in den Körper injizierten Viren zurückzuführen. Womöglich waren die Verstorbenen schwer krank und sind tatsächlich an ihren ursprünglichen Leiden gestorben. Während die genauen Zusammenhänge noch rätselhaft sind, machen die Todesfälle eines klar: Die von vielen so hochgejubelte Gentherapie ist von einem Durchbruch noch sehr weit entfernt.

Kapitel 6
Vom Wahn, besiedelt zu sein

Eine Frau verbrachte ihren Urlaub in Afrika. Als sie abends auf der Terrasse eines Hotels saß, wurde sie von einem Insekt gestochen. Der Stich wurde langsam zu einem kleinen Pickel, der nach ihrer Rückkehr stetig wuchs. Schließlich hatte er die Größe eines Furunkels erreicht. Die Frau ging nicht gerne zum Arzt und versuchte, die Entzündung mit Cremes und Tinkturen selbst zu behandeln. Eines Morgens stand sie auf, ging ins Bad, schaute in den Spiegel, drückte ein wenig an ihrem Furunkel, das plötzlich aufsprang: Heraus krochen kleine schwarze Spinnen! Die Frau schrie noch kurz auf, bevor sie ohnmächtig zusammenbrach.

Diese Geschichte erzählte mir ein früherer Schulfreund: Sie sei der Schwester eines Arbeitskollegen passiert und auf alle Fälle wahr. Wegen solcher Gefahren werde er selbst niemals in die Tropen reisen. Dem Göttinger Volkskundler Rolf Wilhelm Brednich kam die Geschichte ebenfalls zu Ohren. Er hatte sie von seiner Tante gehört und im Unterschied zu mir gleich als moderne Legende erkannt. In seinem Bestseller «Die Spinne aus der Yuccapalme», einer Sammlung moderner Sagen, gab sie ein hervorragendes Beispiel ab.

Sagenhafte Geschichten von heute sind keineswegs die einzigen Hinweise auf die Urangst des Menschen, er könne besiedelt oder sogar besessen sein: «Als Gregor Samsa eines Morgens aus unruhigen Träumen erwachte, fand er sich in seinem Bett zu einem ungeheueren Ungeziefer verwandelt», beginnt Franz Kafkas «Verwandlung».

«Ohrenpitscher» *(Dermaptera)* kriechen nicht nur in Kindheitsphantasien durch unsere Gehörgänge. Der Glaube, sie bissen mit ihren Zangen das Trommelfell durch und legten ihre Eier ins Gehirn, wird von Generation zu Generation weitergegeben und ist nicht auszurotten. Unsterblich auch der Mythos des Vampirs, der uns Blut und Lebenskraft aussaugt.

Der Wahn um Wanzen, die Manie um Mikroben und die Furcht vor Vampiren sind in unserer Gesellschaft weit verbreitet und können sich bis ins Krankhafte steigern.

Die Verkeimungsphobie zählt zu den Klassikern unter den Zwangsstörungen. Michael Jackson reist mit weißen Handschuhen und Mundschutz durch die Welt und eine nicht genau zu beziffernde Zahl von Deutschen versteht die Gründe dafür nur allzu gut. Sie leben in der tiefen Überzeugung, dass ihre Umwelt sie mit gefährlichen Keimen anstecken könnte. Überdies fühlen sie sich als Sünder, weil sie glauben, mit ihren Keimen andere anzustecken, darunter die eigene Familie und die engsten Freunde. Erstaunlicherweise wird den Betroffenen auf einer rationalen Ebene klar, dass ihre krankhaften Ängste einer realen Grundlage entbehren. Und doch sind die Phobiker ihrem emotionalen Empfinden ausgeliefert. Das führt zu zwanghaften Handlungen: Sie stehen bis zu zehn Stunden unter der Dusche, in Extremfällen scheuern sie sich ihren Körper mit den härtesten Desinfektionsmitteln und Bürsten wund. Sie schrubben 60 Minuten an einer scheinbar verseuchten Herdplatte und unterteilen ihre Wohnung in «unsichere» und «sichere» Zonen; Letztere müssen alle Tage zweimal sterilisiert werden. «Das Leben in den eigenen vier Wänden wird zu einem Leben im Gefängnis», sagt Professor Iver Hand, Direktor der Klinik für Psychiatrie und Psychotherapie des Universitätskrankenhauses Eppendorf in Hamburg.

Die Rituale der Reinigung können bis zu 90 Prozent der Zeit in Anspruch nehmen. Die Menschen leiden unter Schlafentzug, fehlen immer häufiger am Arbeitsplatz und verlieren schließlich ihre

Stelle. Familien zerbrechen und die Existenz wird ruiniert. Generell zeigen 20 bis 30 Prozent aller Bundesbürger Symptome von leichten Zwangshandlungen. Darunter gehört der Waschzwang, oftmals als «Reinlichkeitstick» oder «Putzfimmel» verharmlost, zu den häufigen. In seiner schweren Form ist der Waschzwang unter Frauen und Männern gleich weit verbreitet und kommt in allen Altersgruppen vor – vom Achtjährigen bis zum hoch betagten Greis.

Horror vor Bazillen

Bei schätzungsweise zwei Prozent der Bevölkerung sind Zwänge generell derart ausgeprägt, dass sie sich von einem Nervenarzt oder Psychologen medizinisch betreuen lassen müssen. Vielen Menschen mit Waschzwang wird der Drang nach Sauberkeit zu einer so großen Belastung, dass sie sich von allein in eine Beratung begeben. In anderen Fällen fallen Haus- und Hautärzten Ekzeme und rissige Hände der Kranken auf, denn durch die exzessive Reinigung wird die natürliche Bakterienflora zerstört und auf der geschundenen Haut wachsen dann tatsächlich schädliche Keime – der besessene Mensch hat sich seine Prophezeiung selbst erfüllt.

Ursachen, die zu einer Verkeimungsphobie führen, sind nicht eindeutig zu benennen. Neben genetischen Komponenten spielen einschneidende biographische Ereignisse, etwa der Verlust des Partners, eine wesentliche Rolle. Das Leiden ist nur sehr schwer heilbar. Allerdings können Medikamente, die auf den Botenstoff Serotonin im Gehirn wirken, bei etwa zwei Drittel der Kranken die Symptome lindern. Ebenso erfolgreich ist eine Verhaltenstherapie.

Baden in Benzin

Der spanische Regisseur Luis Buñuel schildert in seinen Erinnerungen «Mein letzter Seufzer» eine denkwürdige Begegnung mit Salvador Dalí in Paris:

> «Einmal ging ich zu ihm in sein Hotel am Montmartre und traf ihn mit nacktem Oberkörper und einem Verband auf dem Rücken an. Er hatte geglaubt, eine Wanze oder irgendein anderes Tier auf seinem Rücken zu spüren – in Wirklichkeit war es ein Pickel oder eine Warze –, und sich mit einer Rasierklinge den Rücken aufgeschnitten und geblutet wie ein Irrer. Der Hotelbesitzer hatte einen Arzt rufen lassen. Das alles wegen einer eingebildeten Wanze.»

Der große Surrealist war nicht der Einzige, der zu drastischen Methoden der Eigenbehandlung griff, wenn er sich bewohnt fühlte. In hiesigen Arztpraxen und bei Insekten- und Spinnenexperten zoologischer Institute tauchen immer wieder aufgebrachte Menschen auf und bringen Gefäße zur Untersuchung mit, in denen sich angeblich eingefangene «Tierchen» befinden. In Wirklichkeit handelt es sich um Hautfetzen, die sich die Betroffenen in ihrem Wahn mit den eigenen Fingernägeln weggekratzt haben, oder um kleine Knäuel, die aus Wolle, Schuppen und eingetrockneten Blutpartikeln bestehen. Diese Menschen leben im Wahn, besiedelt zu sein. Häufig reisen sie von weither an und bringen in ihrer Not gleich das angeblich befallene Bettzeug mit. Je nach Schweregrad des Leidens haben sich die Erkrankten oft übel zugerichtet. Um die Plagegeister loszuwerden, malträtieren sie sich mit Messern und Klingen, baden in Benzin oder starken Desinfektionsmitteln und versprühen täglich mehrere Spraydosen von Insektengift in ihrer Wohnung. Stets leiden die Betroffenen unter starken Hautreizungen wie Jucken, Brennen, Kribbeln, Kitzeln. Diese chronischen taktilen Halluzinationen werden wahnhaft weiterverarbeitet und fortan sind die Menschen zutiefst überzeugt, sie seien von zahlreichen Parasiten befallen, die sich ständig vermehren. Der Besessene «bemüht sich, sie den Mitmenschen plastisch zu beschreiben, und benennt Würmer, Krätzmilben, Federlinge, Läuse, Flöhe, Käfer oder auch fremdartige, ‹der Zoologie noch gar nicht bekannte› Schmarotzer als Urheber seines Leidens», beschreibt der Psychiater H. Mester aus Münster das Phänomen.

Die Überzeugungskraft der Schilderung mancher Patienten war so beeindruckend, dass sie wissenschaftlich nicht ohne Folgen blieb. Ein britischer Hautarzt namens R. Willan ließ sich vor 200 Jahren durch einen Patienten von der Existenz eines der Wissenschaft bisher unbekannten Flohs überzeugen. *Pulex pruriginis senilis* taufte der Doktor den Parasiten, der vor allem alte Menschen befalle und den er sogar detailgetreu abbildete. Ein deutscher Gelehrter übernahm die Beschreibung 1801 in sein Lehrbuch und zitierte: «Wegen ihrer Kleinheit» seien die Geschöpfe «nur mit Mühe zu entdecken». Erst viel später wurde klar: Der Floh entsprang einer Wahnvorstellung.

Die Wahnvorstellungen kommen in zwei Formen daher: Beim *Dermatozoen*-Wahn sind die Menschen überzeugt, auf ihrer Haut lebten «Würmer» oder ähnlich verabscheuungswürdiges Getier. Beim *Enterozoen*-Wahn glauben die Betroffenen, die Tierchen kröchen durch ihr Inneres. Oftmals treten beide Phänomene gemeinsam auf, wie ein Fall zeigt, den der münstersche Psychiater Mester dokumentiert hat:

Frau D. berichtete, seit mehreren Monaten seien ihr jeden Tag «ungefähr 4 cm lange Würmer von weißer Farbe aus der Nase und den Augen» hervorgekrabbelt. Die 60-Jährige, stark übergewichtig und an Altersdiabetes leidend, willigte in eine stationäre Behandlung ein. Begonnen hatte alles offenbar mit einer Nasenentzündung. Ein feines Häutchen habe sich gelöst, sagte Frau D. Und dann seien mehrere Würmer aus Nase und Augen gekrochen. Nur mit Medikamenten und einem schwarzen Tuch über den Augen – um die Würmer nicht zu sehen –, könne sie etwas Schlaf finden.

«Dieser Wahn wirkte zum Teil skurril», notierte der Psychiater, «so etwa, wenn die Patientin ausführte, sie dürfe nicht lange an ein und derselben Stelle sitzen bleiben, da sich sonst vor ihr regelmäßig so viele herabgefallene Würmer auf dem Boden anhäuften, dass sie gelegentlich sogar über den Wall, den diese Tiere dort vor ihren Füßen bildeten, nicht mehr habe hinwegsteigen können.»

Eigentümlicherweise verspürte die Frau selbst keinen Abscheu, wenn sie erzählte. Im Gegenteil, sie schien es zu genießen, wenn sie vor verschüchterten Medizinstudenten ihre Ekel erregenden Geschichten zum Besten gab. Durch die Einnahme eines Psychopharmakons bildete sich das Syndrom zurück. Frau D. gelang es sogar, sich ein wenig von ihrem Wahn zu distanzieren, notierten ihre Ärzte.

Was genau im Kopf und in der Gefühlswelt eines Menschen vorgeht, damit solch ein bedrückendes Syndrom überhaupt entsteht, ist noch unklar. Man hat beobachtet, dass das Krankheitsmuster in Etappen und immer ähnlichen Abfolgen auftritt:

Am Anfang stehen oftmals unterschiedlichste körperliche Krankheiten, die zu einem Juckreiz oder Kribbeln auf der Haut führen. Diese realen Empfindungen können dann oft rein zufällig zum Ausbruch von Wahnvorstellungen führen, die sich bereits zuvor in dem Betroffenen angestaut hatten. Die krankhaft verfälschte Wahrnehmung betrifft meistens den Fühlsinn, äußert sich aber auch in optischen, seltener akustischen Halluzinationen, beispielsweise, wenn der Wahnpatient im Bett liegt und *hört*, wie sich etwas auf die Bettdecke fallen lässt.

Oft sind die Betroffenen derart von der Existenz der Parasiten überzeugt, dass sie Familienmitglieder und enge Freunde mit dem Syndrom regelrecht anstecken. Diese «psychische Induktion» auf eine zweite Person, mitunter gar ein «Um-sich-Greifen» auf Dritte, komme recht häufig vor. In der Literatur finden sich 41 solcher Fälle. Auch unter 13 Ersterkrankungen in Münster kam es zu Ansteckungen: Eine 37 Jahre alte Frau übertrug beispielsweise ihren Ungezieferwahn auf ihren Mann; eine 54 Jahre alte Patientin steckte die 77-jährige Mutter an, welche ihrerseits den

Mann ansteckte – eine bemerkenswerte und tragische Kettenreaktion.

Parasitologen und Nervenärzte warnen jedoch davor, Menschen voreilig des Ungezieferwahns zu verdächtigen. Krätzmilben sind mit bloßem Auge kaum auszumachen, können bei Dauerbefall jedoch starke Beschwerden auslösen. Auch Hinweisen auf Fliegen, die in Scheide oder Po hausen, sollte man nachgehen. Solche Beschreibungen haben einen erschreckend realen Hintergrund, wie im «Lexikon der Infektionskrankheiten des Menschen» nachzulesen ist: «Gewöhnlich sind es Weibchen der Stubenfliege *(Musca domestica)* und der mit ihr verwandten Arten *(Muscina stabulans* und *Fannia canicularis)*, die ihre Eier in der Genital- und Analregion ablegen. Die schlüpfenden Larven dringen dann in die Vagina und die Urethra bis zur Blase oder in das Rektum vor.» Diese Verhaltensweise unserer häufigsten Fliegenart ist nichts für schwache Naturen: «Exkrete und Stuhl dienen als Nahrung. Innerhalb weniger Tage wachsen die Maden zu einer Größe von 7–11 Millimetern heran und lassen sich dann mit dem Eintreten der Verpuppungsreife mit dem Urin oder dem Stuhl ausscheiden.»

Mythen und Legenden

Der eingangs erwähnte «Ohrenpitscher» oder auch «Ohrenkneifer», eines der 1300 Insekten der Ordnung «Ohrwürmer» *(Dermaptera)*, ist ein Wesen, das traditionell die Phantasie beflügelt. Seinen Namen trägt es völlig zu Unrecht: Das scheue Kerbtier lebt keineswegs im Ohr, wenngleich es enge Verstecke liebt, in denen sein Körper allseitig Berührung findet. Das nachtaktive Insekt verbringt die Tage in Blumenkästen, unter Steinplatten, Brettern und Kisten. Es frisst im Haus zwar Obst, vertilgt im Garten jedoch Pflanzenschädlinge. Die imposanten Zangen dienen der Nahrungsaufnahme, der Verteidigung und spielen auch bei der Paarung eine

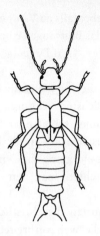

Ohrwurm *(Forficula sp.)*

wichtige Rolle. Das Trommelfellbeissen und Eierlegen im Gehirn gehören jedoch ins Reich der Märchen und Legenden. Und wenn sich wirklich einmal ein Ohrenpitscher in das Ohr eines Menschen verirrt, dann ist das nicht mehr als ein dummer Zufall.

Der «Gemeine Vampir» hat ebenfalls einen dubiosen Ruf. Er gehört zu einer kleinen Fledermausart, die in Südamerika lebt, sich vom Blut lebender Tiere ernährt und von den Spaniern entdeckt wurde. Was lag damals näher, als das flatternde Säugetier nach jenem Schauerwesen zu benennen, das damals noch in halb Europa Angst und Schrecken verbreitete? Der europäische Vampir (Hauptverbreitungsgebiet Balkan) war nach Vorstellung der Menschen ein Untoter, der nicht sterben wollte und nachts als «lebender Leichnam» die Quartiere unsicher machte. Nachts klettern die Kreaturen aus ihren Gräbern und suchen nach warmblütigen Opfern, denen sie den Lebenssaft aussaugen. Sie bevorzugen Menschen, gehen aber auch an Tiere. Gebunden an die Heimaterde, verbringen sie ihre Tage im Grab. Die Körper sind, wenn überhaupt, nur leicht verwest und Haare und Nägel der Leichen wachsen weiter. Die gebissenen Opfer werden ebenfalls zu Vampiren, sobald sie gestorben sind. In der Fiktion hat das Blutsaugen eine erotische Komponente: Der «Vater aller Vampire», Graf Dracula, vergeht sich am liebsten an jungen Frauen.

Durstige Fabelwesen, die von menschlichem Blut leben, geistern durch die unterschiedlichsten Kulturen: In Afrika saugt das «Asambosam» am Daumen schlafender Menschen; in Armenien beißt der Berggeist «Daschnavar» in die Fußsohle; in China war der Blut trinkende Dämon «giang shi» virulent. Und in Brandenburg und Pommern fürchtete man den «Nachzehrer» und den «Gierfraß».

Auf dem Balkan schürten die christlichen Kirchen bis in die jüngste Vergangenheit die weit verbreitete Angst vor Vampiren. «Ausgesprochen rigoros drohte die griechisch-orthodoxe Kirche damit, dass jeder exkommunizierte Glaubensabtrünnige nach seinem Tod als Vampir umgehen müsse», schreibt Norbert Borrmann in seinem Buch «Vampirismus oder die Sehnsucht nach Unsterblichkeit». Kaum besser war die katholische Kirche: Um ihre Position auf dem Balkan auszubauen, so Borrmann, «machte sie sich um 1600 verstärkt die dort herrschende Furcht vor Vampirwesen zunutze und ernannte die Vampire zu Verbündeten des Teufels, womit deren Bekämpfung automatisch in ihren Kompetenzbereich fiel». Kruzifix und Weihwasser gehörten ebenso zu den Utensilien christlicher Vampirabwehr wie Holzstecken, die aus der gleichen Holzart gefertigt waren wie das Kreuz Jesu. Die Auslöschung des Untoten oblag dem Priester – er musste dem Vampir einen Pflock durchs Herz treiben. Noch in den Jahren 1870/71 erregten Vampirprozesse in Pommern und Mecklenburg Aufsehen: Bauern hatten Gräber, in denen sie Untote vermuteten, geöffnet und standen nun wegen Leichenschändung und Friedhofsentweihung vor Gericht.

120

Draculas Vorbild

Dass es ein Tier gibt, das dem seit Jahrhunderten gehegten Mythos Vampir verblüffend nahe kommt, erfuhren die Europäer erst mit der Entdeckung Amerikas. Die spanischen Konquistadoren berichteten von einer Fledermausart, in deren Maul messerscharfe Eck- und Schneidezähne blitzten. Ultraschallgeleitet fliegt sie nachts lautlos an ihre Opfer heran. Sie ist so vorsichtig, dass der schlafende Mensch sie meistens nicht bemerkt. Behutsam speichelt sie eine geeignete Stelle ein, ritzt mit den Zähnen eine Wunde in die Haut und leckt das ausfließende Blut begierig mit der Zunge auf. Es war nahe liegend, dass die Spanier dieses Tier nach ebenjener mythischen Erscheinung benannten, die in Osteuropa Angst und Schrecken verbreitete.

Die echten Vampire sind viel faszinierender als ihre literarische Fiktion. Unter den 782 Fledermausarten ernähren sich nur drei von Blut, zwei darunter halten sich an Vogelblut. Der «Gemeine Vampir» *(Desmodus rotundus)* indes ernährt sich vom Lebenssaft lebender Rinder, Pferde, Ziegen, Hunde, Schweine und Hühner – und selten auch von Menschenblut. Große Tiere wie Wasserbüffel bevorzugt er, weil diese kaum bemerken, dass sie angezapft werden. Zudem trinkt der Vampir dort, wo er nicht so leicht abzuschütteln ist: bei Wasserbüffeln zwischen den Nasenlöchern, sodass er nicht abtauchen kann; bei Pferden und Rindern an Ohren, Flanke, Vulva oder etwa am Rücken. Der Biss ist eigentlich harmlos, doch gilt die Fledermaus als Überträgerin der Tollwut.

Ohnehin ist sie kein großes Monster, sondern mit sechs bis neun Zentimetern nur so lang wie ein Finger. Die Spannweite des Flattertiers misst 30 bis 35 Zentimeter, sein Lebensraum sind die tropischen und subtropischen Gebiete Amerikas. Jede Nacht muss der Blutsauger mindestens die Hälfte seines Gewichts an Blut trinken (etwa 30 Milliliter), um nicht spätestens nach der zweiten beutelosen Nacht elendig zu sterben. In Notzeiten füttern sich die Tiere daher gegenseitig mit dem erbeuteten Blut.

Nachdem der Vampir sein Opfer per Ultraschall und Temperaturgefälle geortet hat, setzt er zu einer sachten Landung an oder lässt sich zu Boden fallen und pirscht sich lautlos an die Beute heran.

Den schlafenden Menschen beißt der Gemeine Vampir in Finger- und Zehenspitzen, Ohren, Lippen und Nase. Einmal von der Fledermaus gebissen zu werden erscheint manchem als begehrenswertes Erlebnis. So soll der englische Graf von Waterton auf einer Expedition im 18. Jahrhundert den Besuch des wilden Tiers geradezu provoziert haben:

«Viele Nächte schlief ich mit dem Fuß außerhalb meiner Hängematte, um diesen geflügelten Chirurg, angenommen er wäre da, anzulocken. Aber es nützte alles nichts.»

Tatsächlich dürfte Menschenblut für die Fledermaus eine willkommene, jedoch seltene Mahlzeit sein. Rinder lassen sich leichter anzapfen. Dem Gemeinen Vampir daher einen festen Platz im Biotop Mensch einzuräumen erschiene verwegen. Dass bei Reisen nach Südamerika ein Zusammentreffen möglich und Vorsicht geboten ist, beweist eine Meldung, welche die französische Nachrichtenagentur AFP im Juli 1999 verbreitete:

Im zentralperuanischen Andenhochland haben blutsaugende Fledermäuse Panik unter der Bevölkerung verbreitet. In mehreren Gemeinden des Urubamba-Tales nördlich der alten Inka-Hauptstadt Cuzco wurden 76 Menschen gebissen, wie der Leiter des Gesundheitsamtes einem Hörfunksender sagte. Außerdem hätten die Fledermäuse sieben Rinder angefallen und getötet. Die Blutsauger flögen nachts in die Hütten und nuckelten an Zehen und Fingern ihrer schlafenden Opfer, wobei sie häufig den Tollwuterreger übertrügen, berichtete der Gesundheitsbeamte. Kinder seien ihre bevorzugte Beute.

Kapitel 7
Tiere, die uns nahe stehen

Ausgerechnet von jenen Tieren, die ihnen auf der Nase herumtanzen, ahnen die meisten Menschen nichts. In den Poren unserer Stirn, auf der Nase und an den Augenbrauen leben winzige Milben. Nehmen Sie eine sehr starke Lupe mit vor den Spiegel. Die Wesen, auf die Sie achten sollten, sind durchsichtig und gerade so klein, dass man sie mit bloßem Auge nicht mehr erkennt. In der Vergrößerung sehen die Bewohner unseres Gesichts aus wie Urtiere mit acht Stummelbeinen. Ein gewisser Sir Richard Owen, besser bekannt als Namensgeber der Dinosaurier, lenkte in den 40er Jahren des 19. Jahrhunderts die Aufmerksamkeit der Welt auf diese Kreaturen und nannte die Gattung *Demodex*, was so viel bedeutet wie «von der Gestalt eines Wurms».

Es gibt zwei Arten und sie leben so gut wie auf jedem Menschen. In den Haarbälgen der Wimpern gedeiht *Demodex folliculorum*, die Haarbalgmilbe. Sie misst 0,3 bis 0,4 Millimeter und ist damit kleiner als der Punkt hinter diesem Satz. Ebenfalls auf allen Völkern dieser Erde lebt die ungefähr einen viertel Millimeter lange Talgdrüsenmilbe *Demodex brevis*. Beide Arten werden durch Körperkontakt übertragen und sind uns ausgesprochen treu. Sie leben mit uns, bis wir sterben, und zeugen bis dahin fleißig Junge. Ein erwachsener Mensch trägt etwa tausend Milben mit sich herum. Ihre Zahl bleibt ziemlich konstant, weil das Immunsystem eine weitere Ausbreitung der Spinnentierchen verhindert. Wenn die Körperabwehr allerdings geschwächt ist, beispielsweise im Alter oder aufgrund einer Aids-Infektion, dann können sie sich stark vermehren.

Ihre wichtigste Heimat, das Gesicht, zählt eigentlich zu den weniger gastlichen Regionen des Körpers. Winde pfeifen um die Nase, Sonne wechselt mit Regen. Haare, in denen man sich verbergen könnte, fehlen vielerorts. Die ganze Region wird häufig gereinigt und der Wirt verzieht unentwegt das Gesicht – das lässt den Boden schwanken wie bei einem Erdbeben. Angesichts dieser Unbilden verbringen die Minimonster den größten Teil ihres zweiwöchigen Lebens lieber im Schutz der Poren.

Die meisten Milbenarten sind rund oder kugelig, doch die beiden *Demodex*-Arten haben einen langen, dünnen Leib. So passen sie gut in Drüsen und Poren, in denen sie kopfunter stecken. In diesen Höhlen sind sie übrigens nicht allein; Bakterien leisten ihnen Gesellschaft. Bis zu 25 Haarbalgmilben klammern sich an der Wurzel einer Wimper, was jedoch auch für diese Verhältnisse Überpopulation bedeutet. Wird es zu eng, suchen sich die Milben ein neues Zuhause. Die Talgdrüsenmilbe meistert die Fährnisse des Lebens solitär, generell hat jede eine Pore für sich allein.

Zur Fortpflanzung versammeln sich die Milben auf der Haut. Während die Männchen wenige Tage nach der Begattung zugrunde gehen, verschwinden die Weibchen wieder in die Poren, wo sie Eier ablegen, aus denen kurz darauf Larven schlüpfen. Bis zur fertigen Milbe häuten sie sich zweimal. Weil die Tiere so klein und leicht sind, spüren wir nicht einmal einen Juckreiz. Dennoch kann eine Besiedlung unangenehme Folgen haben, denn die verschiedenen Stadien der Haarbalgmilbe können durch ihren Fraß die Haarwurzel zerstören, was zum Haarausfall führt. Darüber hinaus stehen Talgdrüsenmilben im Verdacht, gemeinsam mit Bakterien in den Poren Mitesser zu bilden.

«Ich krieg die Krätze»

Schätzungsweise 300 Millionen Menschen auf der ganzen Welt können nachts kaum schlafen, weil ihre Haut unerträglich juckt: Sie haben die Krätze. Auch hierzulande breitet sich das auch *Skabies* genannte Leiden wieder aus. In hamburgischen Altenheimen und Krankenhäusern beispielsweise hat sich die Zahl der Erkrankungen Ende des vergangenen Jahrhunderts verdoppelt: Während 1997 nur 80 Fälle gemeldet wurden, waren es ein Jahr später etwa 200. Die bundesweiten Ausgaben für Medikamente gegen Krätze haben sich im Laufe der 90er Jahre auf zwölf Millionen Mark vervierfacht.

Warum die Zahl der Skabies-Fälle wieder steigt, das wissen die Experten noch nicht genau. Manche Ärzte vermuten, die Krätzmilben seien einfach widerstandsfähiger geworden. Der Direktor der Universitätsklinik in Freiburg, Erwin Schöpf, führt das gehäufte Auftreten auf Zuwanderung aus Osteuropa zurück: «Skabies nimmt stets in Zeiten der Völkerwanderung und der Kriege zu.» Sicher ist zudem, dass in Alten- und Pflegeheimen oftmals schlechte Hygienezustände herrschen, was die Ausbreitung der Spinnentiere begünstigt. Nach Schätzung eines Berliner Arztes haben in manchen Pflegeheimen der Hauptstadt 80 Prozent der Bewohner Krätzmilben.

Das Spinnentier *(Sarcoptes scabiei)* frisst sich durch die Haut des Menschen und lebt in einem etwa ein Zentimeter langen Gang, der nur einen Ein- und Ausstieg hat. Allerdings befällt die Milbe nur die oberste Hautschicht, die aus toten Zellen besteht, und wagt sich glücklicherweise nicht ans gesunde Gewebe. Bei einer Größe von 0,2 bis 0,5 Millimetern ist die Milbe kaum mit bloßem Auge zu erkennen – sie macht sich allerdings durchaus bemerkbar: durch höllisches Jucken zwischen den Fingern, an Hand- und Fußgelenken sowie im Schambereich. Die Männchen verbringen ihr Leben auf der Haut, nur die Weibchen bohren sich durch die Oberfläche hindurch. Haftscheiben, Haken und Borsten geben ihnen sicheren Halt. In den Gängen legen sie Eier und lassen beachtliche Mengen an Fäkalien hinter sich, die vermutlich den Juckreiz auslösen. Aus den Eiern in den Gängen schlüpfen nach wenigen Tagen Miniaturmilben. Die Jungen kriechen bald an die Hautoberfläche, wo sie tote Zellen, Fette und Sekrete vertilgen.

Während nach dem Krieg Milbenbefall vor allem die arme Bevölkerung belästigte, trifft es heute auch die so genannte Wohlstandsgesellschaft. Bohren die Parasiten aber in den besten Familien, dann stellen die Ärzte oft eine Fehldiagnose und tippen – wie auch die Betroffenen – auf ein Ekzem. Mitunter vergehen Jahre, bevor die Milben enttarnt werden. Bis dahin konnten sie sich ungestört ausbreiten, am besten durch engen Körperkontakt. Als bevorzugte Wirte des Spinnentiers gelten inzwischen junge Erwachsene, die sich eines regen Geschlechtslebens erfreuen.

Tiere haben ihre eigenen Milben – bei ihnen nennt sich die Krankheit nicht Krätze, sondern Räude. Wenn ein Mensch seinem räudigen Haustier nahe kommt, kann er sich anstecken. Die Räudemilben von Hund und Katze können nämlich eine Zeit lang auf uns leben, allerdings legen sie keine Eier in unsere Haut.

Pilzfresser im Bett

Wenn wir morgens aus dem Bett klettern, haben wir abgenommen – etwa ein Liter Flüssigkeit ist verdunstet, ebenso sind uns feste Bestandteile des Körpers über Nacht abhanden gekommen: Ein halbes Gramm Hautschuppen liegt in den Kissen. Diese Schuppen, von denen viele Millionen im Bett verstreut sind, sind der ideale Nährboden für Pilze. Die wiederum sind die Leibspeise der Hausstaubmilben *Dermatophagoides pteronyssinus* und *D. farinae*. *Dermatophagoides* bedeutet «Hautfresser», was die Sache also nicht präzise trifft. Streng genommen ist diese Milbe gar kein Bewohner des Lebensraums Mensch – weder ernährt sie sich direkt von uns, noch lebt sie auf uns. Allerdings: Wir verbringen jede Nacht mit ihr – unser Bett ist ihre Heimat. Matratzen, Wolldecken, Laken und Kissen sind allesamt von ihr dicht besiedelt. Die Mitschläfer sind so klein, dass Tausende von ihnen auf ein Pfennigstück passen würden. Die menschlichen Ausdünstungen sorgen im Bett für ein feuchtes Mikroklima, in dem die Hausstaubmilbe hervorragende Lebensbedingungen vorfindet.

Schätzungsweise 20 Prozent der Bevölkerung haben ein gesundheitliches Problem mit den Winzlingen. Aufgrund einer anscheinend genetischen Veranlagung reagieren sie allergisch, wenn sie einen bestimmten Bestandteil aus dem Kot der Milbe einatmen. Die Symptome solch einer Hausstauballergie können sehr heftig sein und gipfeln in asthmatischen Anfällen. Neurodermitiker stecken in einem schlimmen Teufelskreislauf: Gibt der Kranke seinem quälenden Juckreiz nach und kratzt sich, rieseln nur umso mehr Hautschuppen in seine unmittelbare Umgebung. Dadurch werden Pilze herangezüchtet und indirekt die Hausstaubmilben gefüttert. Die Milben vermehren sich, scheiden Kot aus – die allergischen Reaktionen nehmen zu. Um die Zahl der Hausstaubmilben zu begrenzen, sollte man vor allem im Schlafzimmer regelmäßig und gründlich Staub saugen, Laken und Bezüge häufig wechseln und die Matratze zum Lüften ins Freie legen. Milben gehen durch Sonnenstrahlen ebenso zugrunde wie durch Minustemperaturen im Winter. Allergiegeplagten Kindern schadet es daher nicht, ihre Teddys zuweilen ins Tiefkühlfach zu legen.

Urtierchen auf dem Menschen

Protozoen sind mikroskopisch kleine Einzeller und bilden eine eigene Tiergruppe. Sie haben einen Zellkern, Organellen und einen Stoffwechsel. Sie reagieren auf Außenreize, können sich selbständig fortbewegen, pflanzen sich geschlechtlich und ungeschlechtlich fort und nehmen Nährstoffe auf und scheiden Fäkalien aus. Eine verblüffend große Zahl dieser «Urtierchen», die viele eigentlich nur in Tümpeln vermuten, befindet sich auch im Ökosystem Mensch und gehört zu dessen normaler Fauna. In der Mundhöhle schiebt sich die harmlose Amöbe *Entamoeba gingivalis* mit ihren Scheinfüßchen durch die Gegend. Dabei erreicht sie eine Spitzengeschwindigkeit von 2,5 Zentimetern in der Stunde und verändert permanent ihre Gestalt. Darin liegt der Grund, warum man die Amöbe auch «Wechseltierchen» nennt. Mit 20 Mikrometer Größe ist sie etwa 20-mal größer als ein durchschnittliches Bakterium. Auf Nahrungssuche umfließt sie mit ihrem Körper Bakterien, die sie sich dann einverleibt und verdaut. Die Angaben über die Verbreitung der Mundamöbe schwanken je nach Studie zwischen null und 72,6 Prozent. Bei einem Kuss kann das Tierchen via Speichel in ein neues Zuhause schwimmen.

Weiter unten, im Darm, leben mindestens fünf weitere harmlose Amöbenbesiedler. Sie finden sich zwar nicht in allen, aber in vielen Menschen. *Iodamoeba bütschlii* z. B. gedeiht in fünf Prozent der erwachsenen Bevölkerung, *Entamoeba coli* in mindestens 30 Prozent. Die Suche nach einem neuen Wirt gestaltet sich für die Amöben als eine Reise ins Ungewisse. *Entamoeba coli* nimmt dazu eine neue Gestalt an: Sie wird zu einer runden, umhüllten Zyste, in der sich die Kerne so lange teilen, bis acht Stück von ihnen vorhanden sind. Nun wird die Zyste aus dem Darm ins Freie gespült. Wenn sie Glück hat, gelangt sie – etwa auf unsauberem Obst – in einen anderen Menschen. In dessen Darm kriecht die vielkernige Amöbe aus der Hülle und teilt sich in acht Tochteramöben.

Amöben unter der Kontaklinse

Andere Amöben dagegen gelten als sehr gefährlich. Beim Baden in verseuchtem Wasser besteht die Möglichkeit, sich mit *Naegleria fowleri* zu infizieren. Sie dringt durch die Nasenschleimhaut ins Gehirn vor – ein Umstand, der nach drei bis sieben Tagen

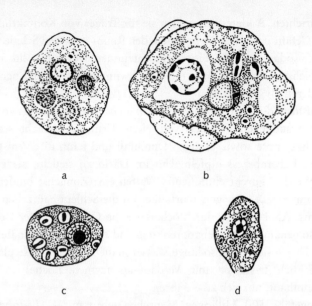

Diese Amöben flottieren in den verschiedenen Regionen unseres Körpers: a) *Entamoeba gingivalis*, b) *Entamoeba coli*, c) *Iodamoeba bütschlii*, d) *Endolimax nana* (Abb. nach: Theodor Rosebury: «Microorganisms Indigenous To Man», New York 1962, S. 262).

zum Tod führt. Die Amöbe liebt Wärme und hat daher ihren natürlichen Lebensraum in den Tropen und Subtropen. Allerdings gedeiht sie auch in künstlich erwärmten Gewässern. In Frei- und Hallenbädern wird ihre Ausbreitung durch Chlor verhindert.

Auch von den *Acanthamoeba*-Arten sind sieben als Krankheitserreger bekannt. Sie kommen weltweit in Gewässern, Schwimmbädern und auf feuchter Erde vor. Wenn die Immunabwehr eines Menschen geschwächt ist wie etwa bei Aids-Kranken, dann können sie bis ins Gehirn vordringen. Die Amöben leben vorübergehend in der Nasenschleimhaut gesunder Menschen, ohne Schaden anzurichten. Andererseits stellen sie für Träger von Kontaktlinsen eine Gefahr dar, denn sie besiedeln den Raum zwischen Schale und Auge, sodass sich die Hornhaut entzündet. Deshalb sollte man möglichst nicht mit Kontaktlinsen schwimmen gehen und penibel auf deren Hygiene achten.

Auslöser der Amöbenruhr ist *Entamoeba histolytica*. Das vor allem in südlichen Gefilden verbreitete Urtier verursacht starke Bauchkrämpfe sowie blutigen Durchfall und kann in einem tödlichen Leberabszess gipfeln. Um im Darm zu siedeln, setzt die Amöbe drei Furcht einflößende Waffen ein: Zunächst bindet sie sich mit einem winzigen Wurfanker an die Schleimhautzellen des Darms. Als Nächstes durchlöchert sie die Oberfläche der Zellen mit so genannten Amoebaporen; das sind Proteine, die Kanäle bilden. Durch sie strömt so lange Wasser in die Zelle, bis diese platzt. Schließlich frisst sie mit Verdauungsenzymen Löcher in die Schleimhaut, um sich zu ernähren.

Ungefähr 500 Millionen Menschen leben mit *E. histolytica*, doch mehr als 90 Prozent ahnen nichts von ihnen, denn nur ein Bruchteil der Infizierten erkrankt. Der französische Parasitologe Emile Brunpt vermutete bereits 1925, dass es zwei Varianten von Ruhramöben gebe: eine bösartige und eine friedfertige. Wann immer Emile Brunpt seine Ansicht öffentlich aussprach, war ihm der Spott der Kollegen sicher. Der Franzose konnte nur behaupten, aber nichts beweisen, da die dazu nötigen Techniken noch nicht entwickelt waren. Molekularbiologische Methoden haben Emile Brunpts Prophezeiung voll bestätigt: Tatsächlich gibt es eine harmlose Variante, die man *Entamoeba dispar* getauft hat. Zur großen Überraschung der Forscher besitzt auch sie die drei Waffen, richtet diese jedoch niemals gegen den Menschen.

Zu den Protozoen, die dauerhaft und friedlich auf uns leben, zählen auch erstaunlich viele Geißeltiere (siehe Tabelle auf Seite 132). Mit fünf bis 25 Mikrometern sind sie ähnlich groß wie die Amöben. Erblickt man solch einen Einzeller unter dem Mikroskop, dann fallen die Geißeln auf. Sie sind die Außenbordmotoren, mit denen sich die auch als «Flagellaten» bezeichneten Mikroorganismen fortbewegen. Die drei *Trichomonas*-Arten vertilgen Bakterien. Wenn sich in der Scheide beispielsweise die Bakterien stark vermehren, dann tritt auch *Trichomonas vaginalis* gehäuft auf. Bei Frauen und übrigens auch bei Männern kann eine Infektion mit einer juckenden und brennenden Entzündung einhergehen. Bei einem Drittel aller Infizierten ruft das Geißeltier jedoch keinerlei Symptome hervor. Es bewohnt ungefähr zehn Prozent der Bundesbürgerinnen und drei Prozent der Bundesbürger.

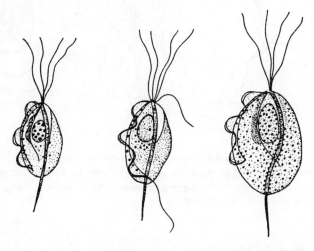

Drei *Trichomonas*-Arten leben auf dem Menschen: a) *T. tenax* b) *T. hominis* c) *T. vaginalis* (Abb. nach: Theodor Rosebury: «Microorganisms Indigenous To Man», New York 1962, S. 258).

Der Darmbewohner *Giardia lamblia* war der erste Mikroorganismus, der als Krankheitserreger angesehen wurde. Mit seinen selbst geschliffenen Lupen hatte ihn Anthony van Leeuwenhoek im eigenen Stuhl erspäht und 1681 als mögliche Ursache des Durchfalls beschrieben. Die Spezies kommt auf der ganzen Erde vor, hierzulande gehäuft in Kindergärten und Altenheimen. Allerdings hat sich der zweifelhafte Ruhm als Krankheitserreger nicht bestätigt. Nur ein Teil der Infizierten bekommt Durchfall; und womöglich ist eine Besiedlung mit *Giardia lamblia* nicht Ursache, sondern Folge einer Störung im Verdauungstrakt.

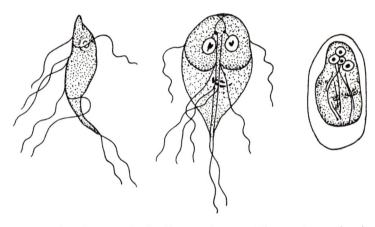

Der Darmbewohner *Giardia lamblia* war der erste Mikroorganismus, der als Krankheitserreger angesehen wurde: a) Seitenansicht, b) Ansicht von oben, c) Zystenstadium (Abb. nach: Theodor Rosebury: «Microorganisms Indigenous To Man», New York 1962, S. 260).

Geißeltiere des Menschen:

Trichomonas tenax	Mundhöhle
Trichomonas hominis	Darm
Trichomonas vaginalis	Scheide
Enteromonas hominis	Darm
Chilomastix mesnili	Darm
Retortomonas inestinalis	Darm
Giardia lamblia	Darm
Dientamoeba fragilis	Darm
Pentatrichomonas hominis	Darm

In rund 20 Prozent aller Stuhlproben findet sich ein eigentümliches Kugelwesen namens *Blastocystis hominis*. Es besteht aus nur einer Zelle, hat aber mehrere Kerne und in der Mitte einen mit Flüssigkeit gefüllten Hohlraum, eine Vakuole. Manche Wissenschaftler halten den Mikroorganismus für einen neuen Unterstamm der Protozoen, andere eher für einen Pilz. Vermutlich ist er nur so lange ein zurückhaltender Bewohner, wie die Abwehrkräfte des Menschen normal arbeiten. Im Darm immunschwacher Menschen vermehrt sich *B. hominis* explosionsartig, allerdings ist nicht bekannt, inwiefern es eine Krankheit auslöst. Ähnliches gilt für ein weiteres Wesen aus dem Reich der Urtierchen: *Pneumocystis carinii* lebt normalerweise in den Atemwegen von Menschen und bestimmten Säugetieren wie Katzen, Ratten oder etwa Hunden. Der Einzeller ernährt sich von toter Materie und richtet im Allgemeinen keinen Schaden an. Doch auch hier gilt: Ist die Immunabwehr wie bei Aids-Kranken, Frühgeborenen und Empfängern von Spenderorganen geschwächt, können sie sich in der Lunge rasend vermehren und tödlich sein.

Pilze sind überall

Jedes Jahr werden tausend Pilzarten neu beschrieben. Insgesamt lebt vermutlich eine halbe Million von ihnen auf der Erde. Wen wundert es da, dass sich einige Pilze den menschlichen Körper als Bleibe auserkoren haben? Pilze werden den Pflanzen zugeordnet, unter denen sie allerdings eine Sonderstellung haben. Sie zersetzen ihre Nahrung *außerhalb* ihrer Zellen zu kleinen Bausteinen, die sie dann über ihre Oberfläche absorbieren. Auf jedem Menschen leben Pilze, aber es ist oft gar nicht so leicht zu unterscheiden, ob ein bestimmter Pilz treuer Mitbewohner oder nur Kurzzeitbesucher ist. Denn Pilze sind ubiquitär; man bekommt jeden Tag neue und verteilt seine alten, beispielsweise wenn man eine Hand schüttelt, einen Geldschein berührt oder etwa Erde anfasst. Pilze lauern keineswegs nur in öffentlichen Badeanstalten, obschon sie sich im feuchtwarmen Klima besonders wohl fühlen.

Ausgerechnet die Becken zur Fußdesinfektion, die man in manchen Schwimmbädern vor und nach dem Baden durchwaten soll, sind ein Schlaraffenland für Hautpilze *(Dermatophyten)* wie *Trochophyton-* und *Microsporum*-Arten. Denn in den Becken sammeln sich die Hautschuppen verpilzter Badegäste, die Desinfektionslösung kann die Parasiten in der kurzen Zeit eines Schwimmbadbesuchs jedoch nicht abtöten. Die erste Infektion erfolgt meist über die Füße. Zwischen den Zehen gedeihen die Dermatophyten besonders gut. Einerseits schuppt sich hier die Haut nicht so häufig, andererseits ist es hier feuchter als andernorts. Der juckende Fußpilz wird häufig in andere Körperregionen verschleppt und kann auch die Nägel befallen und brüchig machen. Viele Hautflechten werden durch Dermatophyten hervorgerufen. Zur Verbreitung bilden viele von ihnen gar keine Sporen mehr aus, sondern vertrauen auf unser Sozialverhalten. Sie reisen auf Hautschuppen und Haaren, die wir massenhaft verlieren.

Ein Pilz, der die Haare färbt

Trichosporon beigelii lebt am Boden und auf dem Menschen, genauer: auf seinem Haar. Aus Sicht des Pilzes erscheint ein einzelnes Haar gigantisch groß. Ist es beschädigt, kriecht der Pilz hinein. Daraufhin bildet das Haar an der Stelle der Invasion ein hartes schwarzes Körnchen und führt mit der Zeit zu dem kuriosen Leiden namens Piedra oder Haarknötchenkrankheit. Der Hefepilz *Pitytrosporum ovale* dagegen gehört zur normalen Flora der Kopfhaut. Kopfschuppen sind jedoch ein sicheres Zeichen für sein allzu starkes Wachstum. Oftmals juckt die gerötete Kopfhaut und wer sich dann kratzt, fördert die Bildung von Schuppen und füttert seine Pilze damit. Wen also Kopfschuppen plagen, sollte einmal ein Shampoo gegen Pilze aus der Apotheke ausprobieren.

Rauben Pilze die Lebenskraft?

Die verschiedenen *Candida*-Arten sind die bekanntesten Pilze auf dem Menschen. Es sind einzellige Hefen, die es feucht mögen. Folgerichtig gedeihen *Candida*-Arten, allen voran *C. albicans*, in Mund, Rachen, Verdauungstrakt, Genitalbereich, aber auch auf der Haut. Man bemerkt die Anwesenheit dieser eigentlich friedfertigen Wesen erst, wenn die Abwehrkräfte des Menschen vermindert sind. Dann bilden sich weißliche Pilzbeläge auf den Schleimhäuten, die je nach Schweregrad der Erkrankung auch tiefer liegende Hautschichten befallen. Wenn man seine Bakterienflora durch die Einnahme von Antibiotika schwächt, können die Hefen sich ebenfalls besser als sonst ausbreiten, denn das natürliche Gleichgewicht zwischen Pilzen und Mikroben wird gestört.

Allerdings werden die Folgen oft übertrieben dargestellt. Fragwürdige Heiler und zweifelhafte Selbsthilfebücher machen Pilze für Kopfweh, Stimmungstiefs, Heißhunger, Übergewicht, Neurodermitis, Diabetes oder Rheuma verantwortlich. Sie geben Ratschläge, wie das «Raubtier im Körper» durch zuckerfreie Kost auszuhungern sei. Tatsächlich haben Studien gezeigt, dass sich die Darmflora nach einer Antibiotikatherapie relativ schnell von selbst regeneriert und die Pilze zurückweichen.

Würmer als Weltenbürger

Würmer gehören wohl zu den unappetitlichsten Siedlern auf dem Menschen. Der kleine weiße Madenwurm, *Enterobius vermicularis*, findet sich häufig bei Kindern und ist harmlos im Vergleich zu vielen Bandwurmarten. Letztere können jahrelang in einem leben und in Extremfällen bis zu 20 Meter lang werden. Die Zeitschrift «Der Allgemeinarzt» veröffentlichte kürzlich Zahlen, nach denen 70 Millionen Menschen einen Rinderbandwurm, 75 Millionen einen Zwergbandwurm haben. Auch andere Bandwurmarten leben in Millionen von Menschen. Sie liegen in den Verdauungssäften und nehmen die Nahrung direkt durch ihre Oberfläche auf. Nicht nur in Entwicklungsländern sind Würmer generell auf dem Vormarsch, auch hierzulande sind sie keineswegs Exoten. Die unten stehende Tabelle zeigt, was hiesige Hausärzte diagnostizieren: Mehr als die Hälfte der Menschheit ist besiedelt, meist mit Spul-, Peitschen-, Haken- und Zwergfadenwürmern. Es sind unangenehme Zeitgenossen, die dem menschlichen Organismus Nahrung entziehen und bei massenhaftem Befall sogar zum Tode führen können.

Wurmbefall bei Patienten deutscher Großstädte

Vorkommen	Fadenwürmer	Plattwürmer
Häufig	Spulwurm Madenwurm Peitschenwurm	Zwergbandwurm
Bisweilen	Hakenwurm Zwergfadenwurm	Rinderbandwurm
Selten		Schweinebandwurm Fischbandwurm Gurkenkernbandwurm Saugwürmer

Kapitel 8
Mikroben unter Verdacht

Um die Entdeckung mancher Krankheitserreger ranken sich kuriose Geschichten. So war es 1975 in Old Lyme, einem 5000-Seelen-Ort im US-Bundesstaat Connecticut. Eine besorgte Frau alarmierte die örtlichen Mediziner: Im Dorf grassiere eine Arthritis-Epidemie. Die Ärzte blieben untätig. Arthritis galt damals als eine altersbedingte Entzündung der Gelenke, die keineswegs ansteckend sei.

Als sich in Old Lyme aber weitere Bürger meldeten, die unter der mysteriösen Krankheit litten, gingen Wissenschaftler der nahe gelegenen Yale-Universität der Sache endlich nach. 1983 veröffentlichte die Gruppe um Willy Burgdorfer dann eine bemerkenswerte Entdeckung: Die Arthritis von Lyme ist tatsächlich ansteckend. Ein weit verbreitetes Bakterium der Gattung *Borrelia*, das durch Zecken übertragen wird, verursacht das Leiden (siehe auch Seite 89). Die Mikrobe wurde nach dem Forscher *Borrelia burgdorferi* benannt, die Krankheit nach dem Ort: Lyme-Borreliose.

Sie ist auch in Deutschland erschreckend verbreitet. Durch Zeckenstiche infizieren sich – oft unbemerkt – jedes Jahr schätzungsweise 40 000 Bundesbürger mit den Bakterien. Wer früher mit einer Lyme-Borreliose zum Arzt ging, wurde oft falsch behandelt – und manchmal gar zum Psychiater geschickt. Wer heute früh genug einen Arzt aufsucht, hat mit Hilfe von Antibiotika gute Heilungschancen.

Die überraschende Enttarnung der Borrelien beflügelt bis heute Mediziner und Molekularbiologen, nach immer neuen Mikroben zu fahnden, die altbekannte, aber bislang unverstandene Krankheiten auslösen könnten. Dazu zählen Asthma, Fettsucht, Krebs, Rheuma, Gallen- und Nierensteine, multiple Sklerose, Herzinfarkt und Depressionen. Bis vor kurzem vermutete man die diffusen Wurzeln solcher Gebrechen noch in den Genen und der Umwelt. Eine wachsende Zahl von Wissenschaftlern bringt sie inzwischen aber mit Viren und Bakterien in Verbindung.

Manche der Mikroben hat man erst in jüngster Zeit im menschlichen Biotop entdeckt. Andere sind schon länger bekannt und galten bislang als harmlose Besiedler des Menschen – nun erscheinen sie in grellem Licht. Paradebeispiel ist das Magenbakterium *Helicobacter pylori*. Es lebt in jedem zweiten Menschen und löst nicht nur Geschwüre, sondern offenbar sogar Tumoren aus (siehe Kapitel 9). Aber auch Herzinfarkt und Schlaganfall, nach den Krebsleiden die häufigsten Todesursachen in Deutschland, werden offenbar ebenfalls durch ansteckende Keime ausgelöst: *Chlamydia pneumoniae* heißen die kugelrunden Bakterien, mit denen 60 Prozent der Deutschen, oft seit der Kindheit, infiziert sind.

Manche Befunde erscheinen so gut wie bewiesen, andere sind noch spekulativ. Insgesamt aber legen die neuen Erkenntnisse der Mikrobenjäger die unheimliche Aussicht nahe, man könne sich Alzheimer oder Schizophrenie einfangen wie einen lästigen Schnupfen. Allerdings brechen die Krankheiten nicht sofort aus. Einige der unter Verdacht geratenen Mikroben leben jahrzehntelang unbemerkt auf dem Menschen, ehe sich Symptome bemerkbar machen (siehe Tabelle auf Seite 139).

Weil manche der Keime sehr verbreitet sind und unwissentlich von symptomfreien Infizierten übertragen werden, kann man Ansteckungen kaum vermeiden. Sollten hinter den Leiden tatsächlich Mikroben stecken, dann ließen sich die Erreger prinzipiell mit Medikamenten bekämpfen oder durch Impfstoffe fern halten.

«Wenn ein infektiöses Agens nur für einen Teil dieser Krankheiten verantwortlich sein sollte, würde das die Aussicht auf Behandlung und Prävention dramatisch ändern», prophezeit Barry

Neuen Keimen auf der Spur

Jahr der Entdeckung	Erreger	Krankheit
1965	Hepatitis-B-Virus	Hepatitis, Leberkrebs
1983	Humanes Immundefizienzvirus Typ 1 (HIV)	Aids
1983	Helicobacter pylori	Entzündungen und Geschwüre in Magen und Zwölffingerdarm, Magenkarzinom (siehe Kapitel 9)
1983	Papillomvirus (Typen 16 und 18)	Gebärmutterhalskrebs, auch Penis-, Vulva-, Analkarzinome (siehe Kapitel 9)
1983	Borrelia burgdorferi	Lyme-Borreliose
1986	Chlamydia pneumoniae	Infekte der Atemwege, Arteriosklesore?, Asthma?, Alzheimer?
1989	Hepatitis-C-Virus	Hepatitis, Leberkarzinom (siehe Kapitel 9)
1994	Humanes Herpesvirus 8	Kaposisarkom (bei Aids-Kranken, siehe Kapitel 9)

Bloom, Dekan der einflussreichen Harvard School of Public Health in Boston. «Ich sehe chronische Krankheiten als das nächste Einsatzgebiet für Impfstoffe.»

Diese neue Keimtheorie hält der Evolutionsbiologe Paul Ewald vom Amherst College in Massachusetts für höchst plausibel. Krebs, Arterienverkalkung, Diabetes und andere chronische Krankheiten haben seiner Meinung nach keine genetische Komponente. Sonst wären sich die krank machenden Merkmale im Laufe der Evolution schon längst aus dem Erbgut der Bevölkerung wegmutiert, da sie die Kranken in puncto Fortpflanzung entscheidend benachteiligen.

«Wenn sich Krankheiten über so viele Generationen in der menschlichen Population gehalten haben und sie noch immer einen negativen Einfluss auf die Überlebensfähigkeit der Menschen haben», prophezeit Paul Ewald, «dann haben sie wahrscheinlich infektiöse Ursachen.» Eine Vielzahl von Befunden stützt diese neuartige These.

Zwergbakterien im Nierenstein

Eine zuvor unbekannte Lebensform glaubt der finnische Biochemiker Olavi Kajander auf dem Menschen entdeckt zu haben, die so genannten Nanobakterien. Sie sind nur 50 bis 500 Nanometer groß – und damit bis zu 1000-mal kleiner als die größten Bakterien. Die Zwerge besiedeln Kajander zufolge fünf Prozent der finnischen Bevölkerung, finden sich in Blut, Niere, Urin und können höllische Schmerzen verursachen, denn sie bilden Nierensteine. Kalzium, Phosphate und andere Mineralien werden durch die Nanobakterien in das kalkhaltige Karbonat-Apatatit, einen wesentlichen Bestandteil vieler Nierensteine, umgewandelt. Offenbar hüllen sich die Mikroben in einen Mantel aus Mineralien, um sich vor Hitze und Zersetzung zu schützen. 30 Nierensteine hat Kajander 1998 in seinem Labor an der Universität Kuopio zermalmt und stieß in ihnen auf die Spur der Nanobakterien. Da die Mineralienproduzenten über die Blutbahn jeden Winkel des Körpers erreichen, wird spekuliert, ob sie womöglich auch andernorts abnorme Kalklager erzeugen und so an Arteriosklerose und Entzündungen der Gelenke beteiligt sind.

Olavi Kajander, vor kurzem noch kaum beachteter Wissenschaftler am Nordrand der finnischen Seenplatte, arbeitet heute mit der amerikanischen Weltraumbehörde Nasa zusammen, um herauszufinden, ob die widerstandsfähigen Nanobakterien auf einem Meteoriten vom Mars auf die Erde gelangt sein könnten.

Was nach einer Sensation klingt, halten einige Wissenschaftler für einen ausgemachten Schwindel. Eine Gruppe finnischer Wissenschaftler hat Kajander 1999 öffentlich vorgeworfen, er habe seine Daten und Abbildungen verfälscht. Bisher sei nicht schlüssig bewiesen, ob die Nanobakterien überhaupt lebten oder ob sie in Wirklichkeit tote Kalkpartikel seien. Gutachter der finnischen Wissenschaftsakademie waren ähnlich skeptisch und lehnten Kajanders Antrag auf mehr Forschungsgelder ab. Doch die Spitzen der Akademie setzten sich über das Urteil hinweg und bewilligten dem umstrittenen Biochemiker vor kurzem 120 000 US-Dollar aus ihrem «Risikofonds».

Unterdessen haben Mikrobiologen am Medical College in Richmond (US-Bundesstaat Virginia) einen weiteren Verursacher im Visier. Sie untersuchten die Gedärme von Patienten, die unter Gallensteinen leiden. In ihnen war die Zahl von *Clostridien* um bis zu 1000fach erhöht. *Clostridien* stellen die Substanz Desoxycholsäure her, die dafür sorgt, dass im Körper Cholesterin freigesetzt wird – was als entscheidend für die Bildung von Gallensteinen gilt.

Ein Virus, das traurig macht

Die kugeligen Bornaviren beeinflussen sogar unser Denken und Fühlen. Das zumindest glauben Forscher des Robert-Koch-Instituts (RKI) in Berlin vor kurzem herausgefunden zu haben. Sie haben aus Blutzellen von drei depressiven Patienten Bornaviren isoliert und in Zellkulturen vermehrt. Lassen sich die traurigen Gedanken vertreiben, wenn man die Viren mit Medikamenten bekämpft? Die Berliner Gruppe behandelte gemeinsam mit Psychiatern der Medizinischen Hochschule Hannover eine 67 Jahre alte Patientin, die seit elf Jahren an Depressionen litt, mit der Arznei Amantadin. Das seit 30 Jahren bekannte Mittel wurde ursprünglich gegen Grippeviren sowie Parkinson-Symptome eingesetzt. Bei der depressiven Patientin gab es einen überraschenden Erfolg: Die Bornaviren waren nach einigen Wochen nicht mehr in den Blutzellen der 67-Jährigen nachzuweisen. Und bereits zwei Wochen nach Beginn der Behandlung besserte sich ihr Zustand, sodass sie aus der stationären Behandlung entlassen werden konnte. Ebenso erfolgreich sei die Behandlung einer 30-jährigen Patientin verlaufen, berichtete die Biologin Liv Bode vom Robert-Koch-Institut. Als die Forscher die Viren anschließend in das Gehirn von Ratten injizierten, bewirkten sie bei den Versuchstieren als depressiv zu bezeichnende Gemütsschwankungen.

Strukturmodell des Bornavirus. Nach elektronenmikroskopischen Messungen ist es 90 Nanometer groß.

Vor hundert Jahren entdeckte man das Virus bei einem Pferdesterben im sächsischen Borna nahe Leipzig. Auch bei Schafen lösen die Erreger abnormes Verhalten aus. Beim Menschen befallen sie bevorzugt Nervenzellen des limbischen Systems, das mitten im Gehirn liegt und bei Emotionen und Gedächtnisfunktionen eine komplexe Rolle spielt. Die Berliner Wissenschaftler vermuten, dass die Bornaviren den Austausch von Signalen stören.

Allerdings bleiben andere Virologen skeptisch. Beispielsweise sei noch nicht geklärt, ob die Berliner menschliche oder tierische Bornaviren bei den Patienten isoliert haben. Zwar haben 30 Prozent der seelisch Kranken Antikörper gegen die Winzlinge im Blut. Doch schlagen sie nicht jedem Menschen aufs Gemüt: Denn auch fünf Prozent der gesunden Menschen leben mit den Bornaviren – und zwar ziemlich vergnügt. Ein Virus, das traurig macht und verrückt zugleich? Noch wackelt diese faszinierende Hypothese.

Das Dickmacher-Virus

Übergewichtige Menschen, die einen Schuldigen für ihr Übergewicht suchen, werden ihn womöglich im Reich der Viren finden. «Ein Virus macht dick», eine Schlagzeile, die an den Titel eines B-Movie erinnert, geht auf Nikhil Dhurandhar und Richard Atkinson von der Universität Wisconsin zurück. Sie haben das Adenovirus vom Typ 36 (AD36) im Visier. AD36 kommt normalerweise in Indien vor und vermehrt sich in Vögeln. Als die Ärzte Hühner und Mäuse mit AD36 ansteckten, legten die Tiere Körperfett zu. Im nächsten Schritt suchten die Wissenschaftler nach Spuren von AD36 in Menschen. Von 154 Fettleibigen hatten 15 Prozent Antikörper gegen das Virus im Blut. Zum Vergleich: Unter 45 schlanken Probanden hatte kein einziger Antikörper gegen AD36. Besonders aussagekräftig ist das alles jedoch nicht, denn womöglich sind Schwergewichtige einfach nur anfälliger für Viren. Der ultimative Beweis verbietet sich aus ethischen Gründen. Das hieße nämlich, einen Probanden mit AD36 zu infizieren und zu beobachten, ob er an Gewicht zulegt und fett wird.

Ein Keim für alle Fälle

Der aufgehende «Star» am Himmel der Mikrobiologen ist die kugelrunde Bakterie *Chlamydia pneumoniae*. Seit neuestem wird sie mit Herzinfarkt, Schlaganfall und Alzheimer in Verbindung gebracht. Chlamydien bewohnen 60 bis 70 Prozent der Bevölkerung

143

und verbreiten sich per Tröpfcheninfektion. Wenn man von einem der schätzungsweise 48 Millionen infizierten Bundesbürger angehustet wird, reicht das für eine lebenslange Besiedlung. Denn nur selten kann man die Mikrobe jemals wieder aus eigener Kraft abschütteln. Meistens merkt man nichts von ihr; sie führt allenfalls zu den Anzeichen einer gewöhnlichen Erkältung. Kein Wunder, dass sie deshalb jahrzehntelang übersehen wurde und als eigene Art erst 1989 Anerkennung fand. Der Organismus zählt mit einer Größe von weniger als 0,7 Mikrometern eher zu den kleinwüchsigen Keimen. Eine weitere herausragende Besonderheit ist, dass die Chlamydie ihr Dasein im Inneren der Zellen fristet – wie sonst nur die Viren.

Sie fiel zunächst als Auslöser von Entzündungen der Lunge (Pneumonien) auf. Für ihre Reisen durch den menschlichen Körper steigt sie in ideale Transportmittel, die so genannten Monozyten. Diese weißen Blutkörperchen, die zum Immunsystem gehören, patrouillieren durch den gesamten Körper und tragen ihre blinden Passagiere ausgerechnet in entzündete Gewebe. *C. pneumoniae* steigt offenbar einfach da aus, wo es ihr gerade am besten gefällt. Die Mehrzahl der Ärzte ist inzwischen überzeugt, dass die Chlamydie die Verkalkung von Arterien vorantreibt und – nach Jahrzehnten des Miteinanders – Herzinfarkt und Schlaganfall bewirkt. Die schlimmsten Geißeln der Moderne wären mithin ansteckend.

Auch bei Gehirnerkrankungen scheinen Chlamydien eine Rolle zu spielen. Multiple Sklerose (MS) ist eine der schwersten und häufigsten Erkrankungen des Zentralen Nervensystems. Ein bestimmtes Gewebe zerfällt und bildet etliche Verhärtungen (Sklerosen) in Rückenmark und Gehirn. Das Leiden beginnt häufig mit zitternden Händen und endet, nach jahrelangem Siechtum, im Verfall der Persönlichkeit. Wenn die unheilbare Krankheit ihren Lauf nimmt, dann sind die Chlamydien verdächtig häufig anwesend, haben Ärzte von der Vanderbilt-Universität in Nashville (US-Bundesstaat Tennessee) herausgefunden. Die Gruppe um den Pathologen

Charles W. Stratton untersuchte bei 37 MS-Patienten die so genannte Gehirn-Rückenmarks-Flüssigkeit. Sie füllt die Hirnkammern und Hohlräume des Nervensystems aus und schützt sensorische Bereiche so vor Erschütterungen. Ergebnis der Analyse: Die Flüssigkeit war voll von Bakterien. In 36 der 37 Proben entdeckten die Forscher Erbmoleküle der Chlamydie. Aus immerhin 64 Prozent der Proben konnten sie lebende Bakterien isolieren und in der Kulturschale anzüchten. Und 86 Prozent der MS-Kranken hatten in ihrem Blut Antikörper gegen die Mikrobe gebildet. In 27 Menschen mit anderen Gehirnerkankungen als MS, die zur Kontrollgruppe gehörten und ebenso untersucht wurden, fanden sich weitaus seltener Hinweise auf Chlamydien. Dass Chlamydien in der Gehirn-Rückenmarks-Flüssigkeit treiben, darf nicht zu einer voreiligen Schlussfolgerung führen. Es könnte nämlich ebenso gut sein, dass die Chlamydien rein zufällig hinzukommen, wenn das Nervengewebe bereits krankhaft verändert ist.

Die Chlamydien und das große Vergessen

Im Frühjahr 1906 erblickte der Münchner Neurologe Alois Alzheimer im Gehirn einer Frau, die kurz zuvor in der Städtischen Irrenanstalt Frankfurt verstorben war, Eigenartiges. Das Gewebe war übersät mit Ablagerungen von der Größe eines Reiskorns, Nervenfasern waren zu Bündeln verklumpt. Der Abbau des Gehirns trägt heute den Namen des aufmerksamen Arztes – allein in Deutschland leiden etwa eine Million Menschen an Alzheimer. Ein Jahrhundert nach seiner Entdeckung liegt noch immer im Dunkeln, was den schleichenden Verfall des Gehirns bewirkt. Aber es gibt aufregende Hinweise: Offenbar hat Alzheimer, mangels Ausrüstung, etwas Entscheidendes übersehen. Dass nämlich *in* den eigentümlich geschrumpften Hirnzellen der Patienten kleine Mikroben stecken: *Chlamydia pneumoniae*, der ebenso berüchtigte wie weit verbreitete Siedler des Menschen. Dass sie den nach Alzheimer benannten Verfall vorantreiben, vermutet der Mikrobiologe Alan P. Hudson von der Wayne State University in Detroit. Mit Kollegen aus Baltimore und Philadelphia hat er Gehirngewebeproben von Menschen untersucht, die unter einer fortgeschrittenen Alzheimererkrankung litten und gestorben waren. In 17 von 19 Gehirnen konnten sie die Erbsubstanz der Chlamydien nachweisen. Unter den übrigen 19 Verstorbenen, die zu Lebzeiten keine Anzeichen von Alzheimer aufwiesen, fand sich die Chlamydien-DNS nur in einem Fall. Die Forscher zeigten, dass die Bakterien im Gehirn Astrozyten und Mikrogliazellen infizieren – genau diese Zellen finden sich besonders häufig in jenen Arealen, die von alzheimerschem Verfall betroffen sind.

Bei ihrer Spurensuche interessierte die Wissenschaftler zudem, ob es einen Zusammenhang gibt zwischen den Bakterien und einem Protein, das sich überdurchschnittlich oft im verkümmerten Gehirn von Alzheimer-Patienten findet. Das Protein heißt *ApoE-4* und seine Aufgabe liegt normalerweise im Transport von Fetten. Nur 12 bis 15 Prozent der Bevölkerung tragen das Gen für ApoE-4; unter Alzheimerpatienten liegt die Rate bei 60 Prozent. Wer das Gen für ApoE-4 trägt, hat offenbar ein erhöhtes Risiko, dass ihn im Alter das große Vergessen packt. Gleichzeitig erhöht sich auch das Risiko für eine Chlamydieninfektion. Die Gruppe um Alan P. Hudson entwirft ein Szenario, in dem Gene *und* Mikroben entscheidend sind. Ein Mensch mit dem ApoE-4-Gen sei besonders anfällig für die Chlamydie, die sein Gehirn in die Demenz treibt. Auf molekularer Ebene muss das ApoE-4-Protein also die krank machende Wirkung der Chlamydie fördern. Das Zusammenspiel von Mikrobe und Protein löst demnach Alzheimer aus.

Das Fußballer-Bakterium

Als Mitauslöser von entzündeten Gelenken gilt neben *C. pneumoniae* ihre enge Verwandte *Chlamydia trachomatis*. Sie besitzt zu 92 Prozent identische Gene und befindet sich häufiger in Arthritispatienten. In Afrika ist sie gefürchtet, weil sie Augenentzündungen

(Trachom) verursacht, die zur Erblindung führen können. Glaubt man Paul Oyudo aus England, nimmt das Bakterium, das beim Austausch von Intimitäten auf einen neuen Wirt übergeht, einen nicht unerheblichen Einfluss auf den Profifußball, zumindest was die Britischen Inseln betrifft. Als Student am Queen Mary and Westfield College in London hat Paul Oyudo vor kurzem zehn Sportler untersucht, die an dauerhaften Knieentzündungen laborierten. Sechs der Geplagten waren Kicker, fünf davon sogar in Englands *premier league*. Aber von wegen Sportverletzung: Nicht etwa mechanische Überanspruchung oder Fouls zwangen die Athleten in die Knie, wie die Studie ergab. Ihre Beschwerden hatten sie sich fern der Trainingsplätze und Stadien eingefangen, und zwar beim ungeschützten Sex. 80 Prozent der Untersuchten litten nämlich an einer Blaseninfektion; sie wird typischerweise durch *C. trachomatis* ausgelöst und gilt als Vorbote der reaktiven Arthritis. Die Keime wandern in die Gelenkhäute, wo sie fortan wohnen. Vermutlich attackiert das Immunsystem die Invasoren, was dann zu den schmerzhaften Entzündungen führt.

Ob alle Sportler für die Studie wahrheitsgetreu Auskunft über ihr Sexualleben gaben, darf bezweifelt werden. Doch immerhin verrieten fünf der jungen Männer, sie hätten jeweils schon mit mehr als elf verschiedenen Partnerinnen Geschlechtsverkehr praktiziert, wobei die Fußballer sich besonders hervortaten. Das Ergebnis schadet den Vereinen in zweierlei Hinsicht: Einerseits droht der sportliche Abstieg, wenn sich ausgerechnet der Star des Teams die knieschädigenden Mikroben einfängt. Andererseits waren die fünf Profikicker im Durchschnitt schon acht Monate spielunfähig, bevor die reaktive Arthritis diagnostiziert wurde und behandelt werden konnte. Die Promiskuität eines jeden maladen Spielers, schätzt Paul Oyudo, koste den Klub 500000 Pfund. Bei rund 30 Prozent Knieentzündungen unklaren Ursprungs stoßen Rheumatologen auf das Erbgut von *C. trachomatis*. Die mikrobiologischen Befunde lassen die Langzeitknieverletzungen auch hiesiger Bundesligafußballer in neuem Licht erscheinen.

Chlamydien sind nicht die einzigen Keime, die Knochen und Gelenke befallen. Abgesehen von den bereits erwähnten Borrelien können auch Vertreter der Gattungen *Yersinia, Salmonella, Shigella* sowie *Campylobacter jejuni* eine reaktive Arthritis erzeugen, wobei die Mikroben vom Darm aus einen Weg in die Gelenke finden. Bestimmte rheumatische Erkrankungen bei Kindern haben Ärzte bisher auf Störungen des Immunsystems zurückgeführt. Einer kanadischen Studie zufolge gehört jetzt auch das Bakterium *Mycoplasma pneumoniae* zum Kreis der Verdächtigen. Im Zeitraum von 17 Jahren häuften sich die Rheumadiagnosen immer dann, wenn auch die Bakterieninfektionen vermehrt auftraten.

Winzige Herzensbrecher

Dass Chlamydien anscheinend Herzinfarkt und Schlaganfall begünstigen, hat das Forscherehepaar Maija Leinonen und Pekka Saikku vom Nationalen Gesundheitsinstitut in Oulu in Finnland entdeckt. 1985 fiel ihnen auf: Im Blut von Patienten mit Arteriosklerose finden sich hohe Konzentrationen von Antikörpern gegen das Bakterium. Sie gingen ihrem Verdacht, der ihnen selbst ungeheuerlich erschien, über Jahre nach. Immer wieder fanden sie erhöhte Antikörperwerte bei Herzkranken. In einsamen Dörfern, in denen Infarkte besonders häufig auftraten, waren auffällig viele Menschen mit Chlamydien infiziert. Kaum war ihre Spekulation über den ansteckenden Herzinfarkt 1988 im Fachblatt «Lancet» erschienen, wurde sie von einem amerikanischer Mediziner bestätigt. Er hatte das Erbgut der Chlamydie in den Gefäßverschlüssen seiner Patienten nachgewiesen. Nicht nur dass etliche andere Forscher nun Gleiches bei ihren Herzkranken beobachteten. Wenig später untersuchte ein amerikanischer Kardiologe den Arterienkalk von 90 Herzkranken: Auf dem weißgrauen Substrat aus Fett und Kalk wuchsen Chlamydien heran.

Die «Chlamydien-Hypothese» war geboren und stellt heutzutage die Lehrmeinung der Medizin auf den Kopf. Stress, Blutfett und Bewegungsmangel sind demnach nicht die alleinigen Ursachen verkalkter Arterien. Vielmehr leben jahrelang Chlamydien in den Gefäßen, was zu deren Verengung führt. Viele Befunde passen ins Bild: Infarktpatienten haben oftmals bestimmte Proteine im Blut, die auf eine bakterielle Entzündung hinweisen. Seit Mitte der 60er-Jahre geht die Arteriosklerose zurück – damals stieg der Antibiotikakonsum in der Bevölkerung. Pekka Saikku sprühte Versuchskaninchen eine Suspension voller Chlamydien in die Atemwege – nach wenigen Wochen erkrankten sie an Arteriosklerose. Die Mikroben siedeln just in jenen drei Zelltypen, die an der Arterienverkalkung beteiligt sind: in den weißen Blutkörperchen und in Muskel- und Epithelzellen der Gefäßwände. Indem sich die Chlamydien in diesen Zellen niederlassen, lösen sie offenkundig chronische Entzündungen aus. Dadurch entstehen in dem Gefäß raue Oberflächen, an denen sich kalkige Ablagerungen bilden können. Wenn das Gefäß an dieser Stelle verstopft, kommt es zum Herzinfarkt oder Schlaganfall.

Die Vorliebe der Chlamydien, in den Endothelzellen von Blutgefäßen zu siedeln, könnte ihre krank machende Wirkung erklären. Wenn eine Entzündung im Körper ausbricht, entstehen häufig auch neue Blutgefäße. Und just von diesen neu gebildeten Gefäßen werden die Chlamydien magisch angezogen, vermutet der MS-Forscher Charles W. Stratton von der Vanderbilt-Universität. Die Bakterien reisen demnach auf den weißen Blutkörperchen zu den Entzündungsherden und erzeugen dort eine zweite Infektion, die chronisch wird. Im Gehirn entstehe so die multiple Sklerose, im Gelenk Rheuma und in Herzgefäßen kalkige Verstopfung.

Missetäter oder unbeteiligter Zuschauer?

Fast immer, wenn im Körper des Menschen eine Krankheit ausbricht, sind Viren und Bakterien anwesend oder befinden sich in unmittelbarer Nähe. Aus diesem Grund glauben viele Wissenschaftler, die verdächtige Chlamydie könnte in Wahrheit eine unbeteiligte Zuschauerin und harmlose Mitbewohnerin sein. «Weder Bakterien noch Viren lösen Alzheimer aus», urteilt beispielsweise der Alzheimer-Experte Tobias Hartmann am Zentrum für Molekulare Biologie der Universität Heidelberg. «Immer wieder tauchen Gerüchte auf. Bisher hat sich keines bestätigt.» Ebenso bezweifelt Sucharit Bhakdi, Professor am Institut für Medizinische Mikrobiologie und Hygiene der Universität Mainz, dass Chlamydien etwas mit Arteriosklerose und Herzinfarkt zu tun haben. «Die Spekulationen über den Erreger lenken uns nur von der Bekämpfung der Risikofaktoren ab.»

Andererseits lassen sich Beispiele anführen, dass epidemiologische Studien oftmals auf einen Krankheitsauslöser hinwiesen, lange bevor man seinen Mechanismus verstand. Den Zusammenhang zwischen Rauchen und Krebs hat man vor Jahrzehnten bewiesen, die molekularen Mechanismen aber, wie Stoffe des Zigarettenqualms Lungenkrebs auslösen, hat man erst vor kurzem darlegen können. Auch Zahlen erlauben Aufschlüsse: Lungenkrebs ist unter Rauchern 20-mal häufiger als unter Nichtrauchern. *C. pneumoniae* findet man zehnmal häufiger in arteriosklerotischen Plaques als in Blutgefäßen gesunder Menschen.

Den Streit um die Chlamydien könnte man, so scheint es, eigentlich recht einfach entscheiden. Würde man Herzkranke mit Antibiotika behandeln, dann müssten mit den Chlamydien auch die Symptome verschwinden. Viele klinische Studien mit Tausenden Patienten haben bisher keine eindeutige Antwort gegeben. Mal minderte die Einnahme von Antibiotika das Infarktrisiko, mal hatte sie gar keinen Effekt. Für die Patienten und die Ärzte ist die momentane Verwirrung höchst frustrierend. Unbeantwortet bleibt die wichtigste aller Fragen: Sollen Herzkranke Antibiotika nehmen oder nicht?

Angesichts der unklaren Gemengelage wiegt eine Arbeit der Gruppe um Josef Penninger an der Universität Toronto und Nikolaus Neu an der Universität Innsbruck umso schwerer. In ihrem Bericht, den sie im Februar 1999 im amerikanischen Fachblatt «Science» veröffentlichten, haben die Forscher als Erste plausibel demonstriert, *wie* Bakterien dem Herzen schaden könnten: Offenbar lösen die Mikroben im Körper eine Immunreaktion aus, die sich dann gegen das eigene Herz richten kann. Das bewiesen die Wissenschaftler im Tierversuch. Wenn sie Mäuse mit den Bakterien infizierten, bildete das Immunsystem der meisten Tiere innerhalb weniger Tage Antikörper. Doch die richteten sich nicht nur gegen die Chlamydien, sondern sie griffen auch das eigene Herzgewebe an, das sich dadurch entzündete. Grund für die fehlgeleitete Attacke: Ein Protein auf der Oberfläche der Chlamydien gleicht zum Verwechseln einem Protein namens Myosin im Herzmuskel.

Die große Ähnlichkeit der beiden Proteine ist kein Zufall: Häufig tarnen sich Bakterien und auch Viren mit Proteinen, die jenen des Wirts sehr ähnlich sehen. Diese Nachahmung, die *molekulare Mimikry*, ist ein evolutionsbiologischer Kniff, um das Immunsystem zu täuschen. Doch weil die Tarnung nicht perfekt ist, bildet der Wirt schließlich dennoch Antikörper. Und das kann Folgen haben. Nachdem nämlich der Eindringling erfolgreich bekämpft wurde, zirkulieren die angriffslustigen Antikörper weiter durch den Körper – und stürzen sich auf das zweitbeste Ziel, jene körpereigenen Proteine, die der Erreger zu Beginn der Infektion nachgeahmt hatte. Ein Teufelskreislauf beginnt. Die Attacken der Antikörper entzünden das eigene Gewebe, was der Körper mit einer umso heftigeren Immunreaktion beantwortet – eine Autoimmunkrankheit entsteht und für Infarktpatienten gilt folgendes Szenario: Die Antikörper gegen die Chlamydien greifen das Myosin an – und damit den eigenen Herzmuskel.

Antibiotika könnten also nur helfen, wenn man sie ganz zu Beginn des teuflischen Kreislaufs einnähme. Eine späte Gabe von Antibiotika habe keinen Einfluss mehr auf die Infarktrate, meint Josef Penninger in Toronto. Nach seinen viel beachteten Experimenten über die molekulare Mimikry bei herzkranken Mäusen ist der Österreicher umso überzeugter, die Erforschung des noch weitgehend unbekannten Mikrokosmos auf und in uns werde noch manche Überraschung bringen: «Viele unentdeckte Krankheitskeime werden auftauchen.»

Die Geschichte der Heilkunst könnte ihm Recht geben. Selbst die Tuberkulose galt lange als Erbkrankheit, bevor Robert Koch 1882 als Erster den Tuberkelbazillus erspähte und damit die Mikrobiologie begründete.

Das Comeback der Mikrobenjäger

Ein Jahrhundert nach dem großen Mikrobenjäger erlebt die Disziplin eine Renaissance. Das Aufkommen der Molekularbiologie hat den Wissenschaftlern neuartige Techniken in die Hand gegeben, die mit ungeahnter Raffinesse Kleinstlebewesen nachweisen. Die so genannte Polymerasekettenreaktion (PCR) erlaubt es, geringste Mengen der Erbsubstanzen DNS und RNS nachzuweisen. Dem Vorbild Robert Kochs folgend, versuchen Mikrobiologen etwaige Erreger aus dem Patienten zu isolieren und dann in Reinkultur zu züchten. Doch nur ein geringer Anteil unserer Bakterien und Viren gedeiht überhaupt außerhalb des Körpers, sodass sich bisher nur ein verschwindend kleiner Ausschnitt der Mikrobenwelt in der Kulturschale studieren lässt. Die Untersuchung mit Mikroskopen, die immer leistungsstärker wurden, ist oftmals schneller und besser: *Helicobacter pylori* wurde mit dem Elektronenmikroskop entdeckt; erst zehn Jahre danach gelang seine Zucht im Labor. Auch von der Existenz der Herpesviren und der möglichen Herzensbrecher *Chlamydia pneumoniae* erfuhr die Welt durch elektronenmikroskopische Aufnahmen. Die verschiedenen Papillomviren wiederum, von denen einige bösartige Geschwulste auslösen (siehe Kapitel 9), wurden mit PCR und anderen molekularbiologischen Methoden entdeckt.

Dennoch sind 99 Prozent aller Viren und Bakterien auf dem menschlichen Körper noch überhaupt nicht bekannt. Anspielend auf das «Human Genome Project», die derzeit mit Vehemenz vorangetriebene Entschlüsselung des kompletten menschlichen Erbguts, fragten Epidemiologen aus Oxford kürzlich, ob die Zeit nicht reif sei für ein «Human Germ Project» – für die Identifikation sämtlicher Lebewesen auf dem Menschen.

Allerdings können die Forscher auf Erfolge verweisen, von denen Robert Koch nicht zu träumen gewagt hätte. Sie haben bereits das Erbgut von insgesamt 30 Mikroben komplett entschlüsselt, und es wurden rasch mehr.

Einer der Mikrobenjäger neuen Schlags ist David Relman von der Abteilung für Mikrobiologie und Immunologie der Stanford-Universität in Kalifornien. In dem einzigartigen Projekt «Unexplained Death Working Group» der amerikanischen Seuchenbekämpfungsbehörde Centers for Disease Control (CDC) gehen er und seine Kollegen unerklärlichen Todesfällen nach. An deren Beginn steht laut Relman ein Szenario, das die meisten klinischen Ärzte schon einmal erlebt haben. Ein scheinbar rundum gesunder Mensch erkrankt plötzlich. Die Symptome deuten auf eine Infektion, die Tests auf die bekannten Mikroben sprechen nicht an, der Patient stirbt. 0,5 bis 2 solcher Todesfälle pro 100 000 Einwohnern geschähen jedes Jahr in den Vereinigten Staaten. In solchen Fällen examinieren Relman und seine Mitstreiter die Leichen und fahnden mit modernsten molekularbiologischen Methoden nach mysteriösen Keimen. «Bei einer ganzen Reihe akuter und chronischer Krankheiten und Symptome lohnt sich die breite Suche nach mikrobiellen Krankheitserregern», forderte Relman im Mai 1999 im Fachblatt «Science». Rund 200 neue rätselhafte Mikroben glauben die CDC-Experten schon entdeckt zu haben. Die bisher beschriebenen Erreger, fürchtet David Relman, seien «nur die Spitze des Eisbergs».

Sonderlinge im Mund

Die Spur verdächtiger Keime führt häufig in die Mundhöhle des Menschen. Mehr als 500 Bakterienarten aus mindestens 37 verschiedenen Gattungen leben in dem Feuchtbiotop, hinzu kommen Viren, Pilze, Amöben, Geißeltierchen. Schätzungsweise 90 Prozent aller Mundbewohner harren noch ihrer Entdeckung. Mit der PCR-Methode unternahmen Forscher vor kurzem in den Tiefen der Mundhöhle eine kleine Inventur. Ein Drittel der entdeckten Mikroben hatte man zuvor noch nie gesichtet. 13 Prozent der Wesen waren fremdartig und passten in keine systematische Kategorie.

Vom engen Miteinander im Mund profitieren Mensch und Mikrobe. Die Winzlinge nehmen an unseren Mahlzeiten teil (sie lieben Zucker) und verhindern, dass schädliche Keime Fuß fassen können. Doch leider stimmt die Balance allzu oft nicht mehr. Manchmal ist die Immunabwehr des Menschen geschwächt, sodass die Mikroben sich zu stark ausbreiten können. Oft lässt die Hygiene zu wünschen übrig und die Mundbakterien vermehren sich explosionsartig und verursachen beispielsweise entzündlichen Zahnfleischschwund (Parodontitis), unter dem mehr als die Hälfte aller Erwachsenen Deutschlands leidet.

Noch im 18. Jahrhundert glaubten Gelehrte, Karies werde durch kleine gefräßige Würmer ausgelöst, die in den hohlen Zähnen vegetierten. So falsch lagen sie nicht. Die «Zahnwürmer» hat zwar bis heute keiner gesehen, doch entsteht die Karies sehr wohl durch Lebewesen. Die Bakterien *Streptococcus mutans* und *Streptococcus sobrinus* gelten als Hauptauslöser. Sie verwandeln Haushaltszucker in Milchsäure. Doch diese löst nach und nach die Mineralbestandteile des Zahnschmelzes, Kalzium und Phosphat, heraus, bis ein

Loch entsteht. Während *S. sobrinus* sich mit speziellen Haftmolekülen auf der glatten Zahnoberfläche festsetzt, bevorzugt *S. mutans* Spalten und Risse, wo die Mikrobe viel Futter findet. Hunde sind übrigens sehr resistent gegen Karies; ihr Gebiss ist so geformt, dass nur wenig Essensreste hängen bleiben. Beim Menschen geht das Vorhandensein von *S. mutans* und – etwas geringer ausgeprägt – von *S. sobrinus* direkt einher mit der Kariesverbreitung. In Westeuropa und den Vereinigten Staaten siedelt *S. mutans* in 80 bis 90 Prozent aller Münder und die Zahnfäule ist ein geradezu universelles Phänomen. Daran wirken auch Eltern mit, wenn sie Schnuller oder Löffel ablecken und dann ihrem Spross in den Mund stecken. Kinder in Tansania hingegen kennen keine Karies; sie ernähren sich vermutlich gesünder – und haben keine *S. mutans* im Mund.

Der Zahnarzt Jeffrey Hillmann aus Gainsville (US-Bundesstaat Florida) will die zerstörerischen Säureproduzenten durch harmlose Mikroben ersetzen. Dazu sammelte er in anderer Leute Münder Bakterien, bis er einen Stamm *S. mutans* gefunden hatte, der besonders stark wuchs und sich in der Mundflora gut durchsetzte. Die Mikrobe hat er gentechnisch so verändert, dass sie nicht mehr die schädliche Milchsäure produziert, sondern harmlosen Alkohol. Hillmann hat seine Bakterien zwar schon bei einigen Mitarbeitern getestet. Doch bleibt abzuwarten, ob seine Schöpfung jemals auf den Markt kommt.

Ähnliches gilt auch für jene Art von Impfung gegen Kariesbakterien, wie sie dem Zahnarzt Julian Ma am Londoner Guy's Hospital und amerikanischen Forschern vorschwebt. Sie veränderten eine Tabakpflanze gentechisch so, dass sie einen tierischen Antikörper herstellt. Und der bindet wiederum wie ein lästiger Klebstoff an *S. mutans*. Der Antikariestabak war im Mai 1998 die erste gentechnisch veränderte Pflanze, die man in einer klinischen Studie an Menschen getestet hat. Zunächst töteten die Dentisten die Kariesbakterien in den Mündern von insgesamt 15 Probanden mit einer chemischen Lösung. Über einen Zeitraum von drei Wochen pinselten sie dann einem Teil der Probanden Kontrolltinkturen auf

die Zähne, dem anderen Teil den Antikörperextrakt aus der Tabakpflanze: Die Tinktur verhinderte bis zum Ende der Studie – das war
nach vier Monaten – die Wiederbesiedlung des Zahnbelags durch
Streptokokken. Bei Vergleichspersonen ohne Antikörper dagegen
kehrten die zerstörerischen Mikroben viel früher zurück.

Zu Hause auf dem Zahn

Streptokokken sind jedoch nicht die einzigen Bakterien, die – wenn
sie in Massen auftreten – schädlich sind. Ein sauberer Zahn wird
nicht krank, sagt der Zahnarzt. Nur: Eine Besiedlung mit Mikroben lässt sich nicht vermeiden. Die Bakterien sind schon *vor* den
Zähnen da und warten nur darauf, sie im Babymund zu kolonisieren. Auf einem gründlich geschrubbten Zahn entsteht schon bald
ein wenige Mikrometer dünner Film aus organischen Molekülen.
Nach vier Stunden lassen sich auf ihm die ersten Mikroben nieder.
Die ersten Ankömmlinge, meist Streptokokken, besitzen spezifische Klebproteine, mit denen sie sich gezielt an Moleküle des Films
heften. Sogleich folgt die nächste Schicht der Besiedler; sie kleben
sich an die bereits vorhandenen Bakterien und dienen ihrerseits als
Andockstelle für die nächste Schicht der Siedler. Wenn man sich die
Zähne nicht regelmäßig putzt, entstehen auf diese Weise innerhalb
weniger Tage weit verzweigte und hochkomplexe Aggregate (siehe
Infografik auf Seite 158). Mit der schrittweisen Besiedlung entsteht
ein eigenes Mikroklima, indem sich viele anaerobe Bakterien, die
ohne Sauerstoff auskommen, hier einfinden. Der Belag wird so
fest, dass die Bakterien in seinem Innern vor Chemikalien ge-
schützt und kaum mehr mit Antibiotika abzutöten sind. Solch eine
Plaquebildung geschieht auch auf vielen Oberflächen in feuchter
Umgebung. Zähe Bakterienbeläge, von den Mikrobiologen «Bio-
filme» genannt, sind gefürchtet, weil sie sich auf Kathetern, Gefäß-
prothesen und künstlichen Herzklappen bilden.

Schwund im Mund

Im Mund führen die Beläge zu Entzündungen *(Gingivitis)* und entzündlichem Schwund des Zahnfleischs *(Parodontitis)*; das Gewebe schwillt an und zieht sich vom Saum zurück. So entstehen Taschen, in denen Essensreste verschiedensten Mikrobewohnern einen idealen Nährboden bieten. Bald liegen die Zahnhälse nackt und das Zahnfleisch ist weitgehend zerstört, es kann sogar der Knochen angefressen werden. Die Zähne lockern sich und fallen aus. Bei Menschen über 35 Jahren ist Parodontitis häufiger als Karies.

Welche Bakterien genau zu einer Entzündung im Mund führen, ist allerdings noch unklar. Um ihren Patienten besser zu helfen, setzen Zahnmediziner zunehmend auf die Mikrobiologie. Mit Gensonden suchen sie nach «Leitkeimen», welche den Ausbruch der Krankheit begünstigen. Obwohl bis zu hundert verschiedene Bakterienarten mit einer Gesamtzahl von mehreren Milliarden Keimen in einer entzündeten Tasche gedeihen, gehört vermutlich nur ein kleiner Teil von ihnen zu den Auslösern. Zwar stehen Mikroben wie *Actinobacillus actinomycetemcomitans* und *Porphyromonas gingivalis* unter dringendem Verdacht, doch sind jeweils nur bestimmte Stämme virulent. Im Unterschied zu den allermeisten Mundbakterien können die sogar in die Zellen eindringen. *A. actinomycetemcomitans* wandern bis ins Bindegewebe, *P. gingivalis* persistiert in den Epithelzellen. Dass sie unserer Immunabwehr widerstehen, ist ein weiteres Merkmal von Parodontitisbakterien. *A. actinomycetemcomitans* und *Campylobacter rectus* produzieren Toxine, welche Immunzellen töten. Andere Absonderungen der Mikroben unterdrücken die Immunantwort des Menschen. Mehr noch, Wesen wie *P. gingivalis* stellen Verdauungsenzyme her, die Antikörper und andere Proteine unserer Körperabwehr zerstückeln. Doch verdauen diese Enzyme offenbar auch direkt unser Gewebe im Mund. Die Bakterien stoßen Gase wie Schwefelwasserstoff und Ammoniak aus – alles Gift für unsere Zellen. Haben die

Wie Bakterien einen Zahn besiedeln

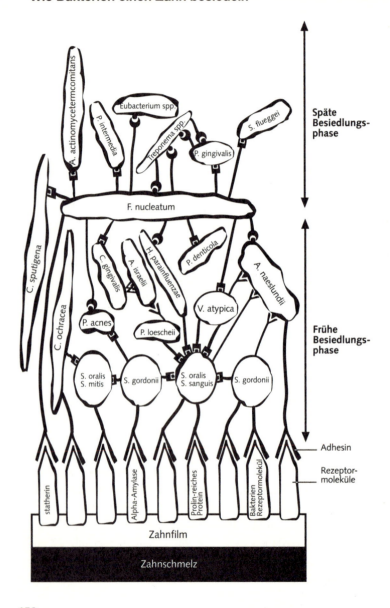

Mikroben erst einmal eine Entzündung provoziert, dann beschleunigen Wirkstoffe unseres eigenen Immunsystems den Rückgang des Gewebes.

Vom Mundinfekt zum Herzinfarkt

Wenn Bakterien über eine Entzündung im Mund in den Blutstrom gelangen, kann das andernorts im Körper zu Blutgerinnseln führen, die ihrerseits Schlaganfall und Herzinfarkt auslösen können. *Streptococcus sanguis* gilt eigentlich als ein harmloser Zahnbewohner, doch als Forscher der University of Minnesota in Minneapolis die Bakterien in Reagenzgläsern mit menschlichem Blut vermischten, verklumpte es. In einem anderen Versuch injizierten die Wissenschaftler Milliarden der Bakterien in Versuchskaninchen. Innerhalb einer Minute gerieten deren Herzschläge aus dem Rhythmus; und die Tiere schnappten nach Luft – offenbar, weil Blutpfropfen Lunge und Herzkranzgefäße verstopften. Diese Tierversuche sind nicht die einzigen Hinweise darauf, dass Mundbakterien in bestimmten Organen Schäden anrichten. Seit 1989 hat ein halbes Dutzend Studien gezeigt, dass Menschen mit Parodontitis ein er-

Die Besiedlung eines Zahnes erfolgt in Wellen. Vier Stunden nach dem Zähneputzen lassen sich die ersten Bakterien nieder. Sie binden an bestimmte Rezeptormoleküle an, die sich in dem Film befinden, der den Zahnschmelz bedeckt. Jedes Bakterium, das anhaftet, wird seinerseits zur Andockstelle für weitere Mikrobenarten. So entstehen komplexe Populationen von Bakterien, die sich als Zahnbelag bemerkbar machen.
Bakterien der frühen Besiedlungsphase: Streptococcus mitis, Streptococcus oralis, Streptococcus gordonii, Streptococcus sanguis, Actinomyces naeslundii, Veillonella atypica, Prevotella denticola, Haemophilus parainfluenzae, Actinomyces israelii, Capnocytophaga gingivalis, Propionibacterium acnes, Prevotella loescheii, Capnocytophaga ochracea. Bakterien der späten Besiedlungsphase: Fusobacterium nucleatum, Capnocytophaga sputigena, Eubacterium spp., Prevotella intermedia, Actinobacillus actinomycetemcomitans, Treponema spp., Porphyromonas gingivalis, Selenomonas flueggei, Porphyromonas gingivalis (Abbildung verändert nach P. E. Kolenbrander, J. London: *Journal of Bacteriology*, 1993, Bd. 175).

höhtes Infarkt- und Schlaganfallrisiko tragen. Schwangere Frauen mit Parodontitis schweben in größerer Gefahr, ein Frühchen zu bekommen, als Frauen mit gesunder Mundflora. Menschen mit Herzproblemen oder künstlichen Gelenken sind besonders verwundbar: Vor einer zahnärztlichen Behandlung, bei der Bakterien ins Blut gelangen könnten, sollten sie deshalb Antibiotika nehmen.

Wie unangenehm manche Mitglieder der Mundflora werden können, musste ein junger Mann vor kurzem auf dem Münchner Oktoberfest erleben. Auf dem Tisch tanzend, wurde er von einer Frau, die unerkannt entkam, tief in den Unterschenkel gebissen. Zwei Tage später wurde der junge Mann fiebernd ins Krankenhaus eingeliefert. Die Ärzte diagnostizierten eine schwere Infektion der Weichteile – 30 bis 50 Prozent der Infizierten überleben eine solche Erkrankung nicht. Nur durch eine Hauttransplantation und Antibiotika konnten die Münchner Mediziner dem gebissenen Tänzer das Leben retten. Mikrobiologische Tests ergaben: Die «Wadlbeißerin» hatte ihn mit den gleichermaßen seltenen und gefährlichen Bakterien der *Streptokokken Gruppe A* infiziert. Nie zuvor hatten Ärzte dokumentiert, dass ein Menschenbiss solch eine lebensbedrohende Entzündung hervorrufen kann.

Kapitel 9
Krebs als Infektionskrankheit

Das Leben im Magen muss die Hölle sein. In seiner Finsternis brodeln Säfte, die selbst Rasierklingen zersetzen. Dass dort Organismen überleben könnten, schien lange Zeit unvorstellbar. Der gesunde Magen sei unbewohnbar, «weil er einen sauren Inhalt hat, in dem Bakterien nicht existieren können», notierte Adolf Gottstein in seinem 1929 erschienenen Werk «Die Lehre von den Epidemien». Wie sollte der Medizinprofessor aus Berlin auch ahnen, dass in seinem eigenen Magen sehr wohl Lebewesen hausen konnten?

Heute wissen wir es besser: Mikroben haben das extreme Biotop Magen schon vor Millionen von Jahren erobert – Milliarden von Menschenmägen sind in diesem Augenblick dauerhaft von Bakterien besiedelt. Die sind zwar meistens friedlich, doch mitunter verursachen sie Geschwüre – und in seltenen Fällen sogar bösartige Geschwulste.

Geht es um Risiken für Krebs, denken die meisten an Zigaretten, UV-Licht, fettes Essen, Asbest, Alkohol, Bewegungsmangel und genetische Veranlagung. Dass viele Krebsarten als Folge mikrobieller Besiedlung auftreten, wird indessen häufig übersehen. Die Risikofaktoren sind in diesen Fällen Viren, Bakterien und auch Würmer. Sie leben jahrelang in scheinbar friedlicher Koexistenz und fast immer unbemerkt auf unserem Körper, bevor sie eines Tages Tumorwachstum auslösen. Man schätzt heute, dass bis zu 30 Prozent aller Krebsformen des Menschen Spätfolgen einer Infektion sind.

Schweißausbruch nach Selbstversuch

Die Entdeckung des bisher einzigen Bakteriums, das nachgewiesenermaßen Krebs auslösen kann, verdanken Millionen von Patienten der Aufmerksamkeit und Beharrlichkeit eines gewissen J. Robin Warren. Der Pathologe am Königlichen Krankenhaus in Perth (Australien) erspähte im Jahre 1979 unter seinem Mikroskop etwas Unerhörtes: Auf Schleimhautproben einiger Magenpatienten wimmelte es von gekrümmten, spiralförmigen Bakterien. Gemeinsam mit Barry J. Marshall, einem jungen Assistenzarzt, gelang Warren nach mühseligen Monaten im April 1982 endlich die Zucht der geheimnisvollen Mikroben in der Kulturschale. Dabei stellte sich heraus, dass die Bakterien stets in den Proben jener Probanden auftraten, deren Magenschleimhaut entzündet war und die unter Geschwüren im Magen und Zwölffingerdarm litten.

Nach Untersuchungen an hundert Patienten schickten Warren und Marshall 1983 ein Manuskript an die britische Medizinzeitschrift «Lancet» mit Bitte um Veröffentlichung. Sie vertraten eine revolutionäre These: Die drei tausendstel Millimeter langen Magenbewohner, inzwischen *Helicobacter pylori* getauft, seien Ursache der Geschwüre.

Die Gutachter des «Lancet» verweigerten den Abdruck, zu ungeheuerlich erschien ihnen die Geschichte vom maliziösen Keim. Generationen von Medizinstudenten war schließlich eingetrichtert worden, dass der Magen bei Stress zu viel Säure produziert und davon selbst angegriffen wird. «Ohne Säure kein *Ulcus*» lautete das eherne Gesetz – in Wahrheit hatten die Ärzte keine Vorstellung davon, warum Magengeschwüre entstehen. Gerade deshalb reifte ein Mythos heran: Stress, Alkohol, falscher Lebensstil, würzige Speisen (mal zu kalt, mal zu heiß) seien Ursache von Gastritis und Geschwüren, unter denen in Deutschland Millionen von Menschen leiden. Auch eine seelische Komponente wurde vermutet und so landeten viele Menschen mit Magengeschwüren auf der Couch des Psychiaters.

Das Leiden ließ sich zwar mit Medikamenten behandeln, die die Säureproduktion hemmen, allerdings wurden die Symptome nur unterdrückt. Wenn man die Mittel absetzte, kehrten die Beschwerden bei fast allen Patienten wieder zurück. Zur Freude der Pharmafirmen brachten Säurehemmer Umsätze in Milliardenhöhe. Sie sind bis heute Bestseller auf dem Arzneimittelmarkt.

Das medizinische Establishment lebte gut mit dieser stillen Übereinkunft. Was kümmerten die zwei Bakterienentdecker im fernen Australien? Sprachen sie über ihre Ergebnisse auf Kongressen, fanden sie kaum Gehör. Da entschloss sich Barry Marshall 1984 zum äußersten Mittel medizinischer Beweisführung: zum Selbstversuch. Glücklicherweise war sein Magen damals keimfrei, wie eine Geweebentnahme ergab. An einem Morgen wusch er *H.-pylori*-Kulturen von einer Schale, löste sie in flüssigem Nährmedium auf und verdünnte die Brühe. Weil sie so abscheulich roch, hielt er sich die Nase zu und schluckte ungefähr eine Milliarde Keime – nichts geschah.

Der junge Arzt geriet schon ins Grübeln, als ihn nach fünf Tagen endlich die ersehnte Wirkung traf. In der Nacht brach ihm der Schweiß aus, er übergab sich. Eine Gewebeprobe aus seinem Magen brachte es ans Tageslicht: Marshalls Magenschleimhaut hatte sich entzündet und war voll von Bakterien – die Gutachter waren überzeugt. Das Manuskript über den Selbstversuch und die anderen Ergebnisse erschien im Juni 1984 im Fachblatt «Lancet». Wenige Wochen später war Marshall genesen und freute sich, gemeinsam mit J. Robin Warren den Ruhm ihrer Entdeckung auszukosten. Die Australier waren sich sicher: Heerscharen von geschwürgeplagten Menschen würden ihnen danken, dass man ihre Magenkeime fortan mit einer simplen Antibiotikatherapie würde ausrotten können. Denn *H. pylori* entpuppte sich als Ursache von 70 bis 80 Prozent aller Magengeschwüre und von fast allen Zwölffingerdarmgeschwüren.

Mit ihrer optimistischen Prognose, innerhalb von zwei Jahren sei es Standard, Magengeschwüre mit Antibiotika zu therapieren, hatten die Australier die Hartnäckigkeit unterschätzt, mit der die Ärzteschaft an überkommenen Vorstellungen und Traditionen festhält.

Seit Anfang der 90er Jahre gelten Antibiotika als beste und auf Dauer auch kostengünstigste Therapie gegen Magengeschwüre und 1996 ließ das Bundesinstitut für Arzneimittel und Medizinprodukte einen besonders schonenden Cocktail aus drei Substanzen zu. Er heilt 90 Prozent der Behandelten binnen einer Woche. Dennoch verzichten viele Mediziner bis heute auf die potenten Mittel, wie eine 1999 veröffentlichte Studie des Frankfurter Instituts für medizinische Statistik ergab. Demnach wenden Allgemeinärzte und Internisten die Bakterienkiller nur bei jedem vierten bis sechsten infrage kommenden Patienten an. Die Deutsche Gesellschaft für Verdauungs- und Stoffwechselkrankheiten empfiehlt ausdrücklich die Antibiotikakur – zwei Drittel der Ärzte scheren sich nicht darum. Der *Nervus rerum* mag den Widerstand gegen das Ausmerzen der Bakterien erklären. Sie behandeln wie gehabt mit Säurehemmern: 60 Prozent der Patienten sitzen nämlich innerhalb eines Jahres erneut schmerzgekrümmt im Wartezimmer der Praxis. An diesen Stammkunden lässt sich trefflich verdienen.

Plagegeist mit guten Seiten

Im Unterschied zu niedergelassenen Ärzten waren viele Mediziner und Mikrobiologen aus der Wissenschaft sofort fasziniert von den Überlebenskünstlern im Magen und begaben sich voller Eifer an deren Erforschung. *H. pylori* gehört deshalb heute zu den bekanntesten Wesen im Lebensraum Mensch. Schätzungsweise zehn Millionen bis zehn Milliarden von ihnen finden sich in einem Magen. Getrieben von einem Geißelantrieb, gleiten sie durch die Schleimschicht, die den Magen vor Selbstverdauung bewahrt. Offenbar geben sie hier toxische Proteine ab, welche zur Entstehung eines Geschwürs beitragen. Auch wenn Sie kein Zwacken und Grummeln im Magen verspüren – die Wahrscheinlichkeit, dass Sie von *H. pylori* besiedelt sind, liegt dennoch bei 35 bis 50 Prozent. Forscher der Universität Ulm haben herausgefunden, dass in einer mittleren Großstadt bereits etwa zwölf Prozent der Vorschulkinder von den Keimen bewohnt sind. Durch Mund-zu-Mund-Kontakt werden die Kinder meist von der Mutter angesteckt. Je älter der Mensch, desto größer ist die Wahrscheinlichkeit, dass er von *H. pylori* besiedelt ist, und nur die wenigsten werden die Eindringlinge aus eigener Kraft wieder los. Zwar bildet das Immunsystem Antikörper gegen sie, doch nur in seltenen Fällen gelingt es, die Mikrobenpopulation gänzlich auszulöschen.

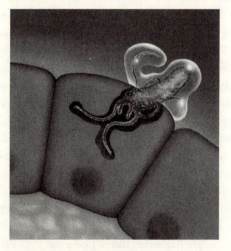

Das Bakterium *Helicobacter pylori*

H. pylori war 1997 die siebte Mikrobe, deren komplettes Erbgut entschlüsselt wurde. Wie das amerikanische Institute for Genomic Research mitteilte, besteht das ringförmige Erbgut aus 1 667 867

Basenpaaren, wie die Informationseinheiten der Erbsubstanz DNS heißen. Die Sequenz enthält 1590 Gene, die einerseits Anhaltspunkte für die Entwicklung eines Impfstoff liefern, der als Prävention oder Gegenmittel erschwinglicher sein soll als die teure Antibiotikatherapie. Zum anderen verraten die entschlüsselten Gene, wie das Bakterium den zersetzenden Säften widersteht, die durch sein Zuhause schwappen. Mit dem Enzym Urease spaltet es im Magen reichlich vorkommende Harnstoffmoleküle in Kohlendioxid und alkalisches Ammoniak, das anscheinend die Salzsäure in der Umgebung neutralisiert. Auf der von der Urease katalysierten Reaktion basiert ein Atemtest: Dazu schluckt der Gastritispatient Harnstoffmoleküle, die mit «schweren» Kohlenstoffatomen (C13-Istotopen) markiert sind. Tauchen die C13-Isotope wenig später im Kohlendioxid der Atemluft auf, dann ist das ein Hinweis auf *H. pylori*. Wie die Genomanalyse ergab, besitzt die Mikrobe im Vergleich zu anderen Bakterien die doppelte Zahl von basischen, im sauren Magen also positiv geladenen Aminosäuren. Da sich gleiche Ladungen abstoßen, hält *H. pylori* auf diesem Wege anscheinend die ebenfalls positiv geladenen Protonen aus der Säure auf Distanz. Zur Überlebensausstattung des extremen Wesens gehören Haftproteine, mit denen es sich an die Magenwand klebt, um nicht fortgespült zu werden im Strudel der Verdauungssäfte. Andere Proteine pumpen lebenswichtiges Eisen in das Zellinnere. Bis zu sechs Geißeln verleihen dem Keim hohe Mobilität. Ein genetisches Variationsprogramm sorgt dafür, dass immer neue Proteine auf der Oberfläche erscheinen, die unser Immunsystem narren.

Doch der Keim hat auch seine guten Seiten. Er stellt kleine Peptide her, die andere Bakterien töten, und zwar 99,5 Prozent von ihnen in 20 Minuten, wie Experimente ergaben. Die für die Konkurrenten und Widersacher giftigen Peptide gelangen jedoch nur nach außen, wenn *H. pylori* zugrunde geht. Die Wissenschaftler malen sich folgendes Spektakel aus: Wenn fremde Bakterien den Magen kolonisieren, dann stürzen sich einige *H. pylori* in die spontane Selbstauflösung. Sobald die Zellwand zerbirst, strömen die Gifte nach außen und vernichten die schädlichen Invasoren. Für jenen Teil der Menschheit, der symptomfrei mit dem Keim lebt, könnte die Besiedlung unterm Strich also von Vorteil sein – und das ist die große Mehrheit. Nur zehn Prozent der Infizierten klagen über Beschwerden, alle anderen haben eine tadellose Schleimhaut.

Nun könnte man fast von einer harmlosen Besiedlung sprechen. Doch lässt sich ebenso gut behaupten, der Befall mit der Magenmikrobe sei die zweithäufigste Infektionskrankheit auf Erden (nach der Zahnfäule Karies). Denn dass das Einnisten des Keims die Magenschleimhaut entzünden kann, hat Barry Marshall ja eindrucksvoll bewiesen. Womöglich reizt der Keim die Schleimhaut, damit er von ihr Nährstoffe erhält. Auf welchem Wege das geschieht, ist rätselhaft. Offenbar müssen genetische Faktoren und Ernährungsgewohnheiten dazukommen, damit sich die Schleimhaut entzündet, und das wiederum führt bei nur etwa 20 Prozent der Menschen zu Geschwüren.

Geschwüre galten bereits in den 70er-Jahren als Vorstufe des Magenkrebses. Deshalb überrascht es nicht, dass Anfang der 90er-Jahre Forschergruppen einem möglichen Zusammenhang zwischen *H. pylori* und Magenkrebs nachspürten. Abraham Nomura vom Medizinischen Zentrum Kuakini in Honolulu (US-Bundesstaat Hawaii) und Martin J. Blaser von der Vanderbilt-Universität in Nashville (US-Bundesstaat Tennessee) analysierten Daten von insgesamt 5924 Probanden. Es waren Männer der Jahrgänge 1900 bis 1919, die von den 60er-Jahren an regelmäßig medizinisch untersucht worden waren. Zwischen 1968 und 1989 waren 137 der Männer, also etwas mehr als zwei Prozent, an Magenkrebs erkrankt. Waren diese Männer vor Ausbruch der Krankheit mit *H. pylori* infiziert? Die Wissenschaftler konnten die Frage beantworten, weil sie von 109 der später an Krebs Erkrankten Blutproben in den 60er-Jahren entnommen hatten. In ihnen wiesen sie Antikörper nach, die das Immunsystem bildet, wenn sich der Mensch infiziert. Als Vergleich dienten 109 Blutproben von Probanden, die keinen Magenkrebs hatten.

Die Auswertung sprach für sich: Jene Menschen, die bereits in den 60er-Jahren den Keim in sich trugen, waren sechsmal häufiger an Magenkrebs erkrankt als die Männer ohne Antikörper in der Probe. Für Krebsgeschwulste im unteren Teil des Magens, wo das Bakterium sich besonders häufig einnistet, war die Wahrscheinlichkeit sogar zwölfmal so groß. Zu einem vergleichbaren Ergebnis kamen die beiden anderen Studien. Bei einer seltenen Form des Magenkrebses, dem gastrischen Lymphom, das nicht Drüsen, sondern Lymphgewebe befällt, scheint *H. pylori* ebenfalls ein Verursacher zu sein.

Auch wenn der Mechanismus der Krebsentstehung bisher noch nicht aufgeklärt ist, hielt die Internationale Krebsforschungsagentur in Lyon, ein Zweig der Weltgesundheitsorganisation, die Ergebnisse für so eindeutig, dass sie das Magenbakterium 1994 auf die Liste Krebs erzeugender biologischer Agenzien gesetzt hat. *H. pylori* wurde in die höchste Gefahrenstufe eingereiht.

Gefährliche Saugwürmer

Der Saugwurm *Schistosoma haematobium* aus der Gattung der Pärchenegel treibt sein Unwesen in Afrika und im Vorderen Orient; seine Eier wurden in 5000 Jahre alten ägyptischen Mumien gefunden. Millionen von Menschen sind heute infiziert. Vermehrt stecken sich auch Touristen aus Europa an, wenn sie in verseuchtem Wasser baden. Selbst ein Spritzer reicht, um mit den frei lebenden Gabelschwanzlarven, den Zerkarien, in Kontakt zu kommen. Sie bohren sich sofort in die Haut und wandern in Blutgefäße nahe der Blasenwand und des Urogenitalsystems. Die stacheligen Eier des Weibchens durchbrechen Gewebebarrieren und gelangen von hier aus mit dem Urin ins Freie. Zwar lassen sich die Erreger der Blasenbilharziose durch Tabletten abtöten, doch kommen viele Befallene niemals in den Genuss der Medikamente und bleiben ihr

Leben lang infiziert. Ein Wurm kann 25 Jahre alt werden. Bei leichtem Befall sind die Symptome mitunter so schwach, dass man den Parasit nicht bemerkt. Während zu Beginn noch Eier im Urin ausgeschieden werden, verschwinden sie später im scheinbar «inaktiven» Stadium. Die Eier werden im Körper eingekapselt; ein bis zwei Millimeter große Geschwulste entstehen – und irgendwann erzeugt die stete Gewebereizung Blasenkrebs.

Nicht weniger abscheulich für den Menschen ist der zweite kanzerogene Wurm: *Opisthorchis viverrini* aus der Gattung der Leberegel. Er lebt in Südostasien, aber Reisende bringen ihn regelmäßig nach Europa. Sie haben sich an rohem Süßwasserfisch, meist Karpfen, infiziert, in welchem sich die kleinen Larven verbergen. Wenn man die Larven verschluckt hat, wandern sie vom Zwölffingerdarm in die oberen Gallengänge, wo sie sich dauerhaft einnisten und Eier legen. Unbehandelt überdauern die Wesen rund zehn Jahre; eine chronische Erkrankung führt beispielsweise zu kolikartigen Schmerzen, Leberzirrhose und Krebsgeschwulsten, die im Gallengang entstehen können. Zwar steht auch hier ein Medikament zur Verfügung. Am besten jedoch meidet man in tropischen Ländern rohen oder nicht ausreichend gegarten Fisch.

Krebs erzeugende Viren

Die meisten Menschen werden in ihrem Leben weder einem Pärchen- noch einem Leberegel zu nahe kommen. Der Mehrzahl der Krebs auslösenden Wesen kann man indessen wegen ihrer Kleinheit nicht bewusst aus dem Weg gehen: den Viren. Weil Viren keinen eigenen Stoffwechsel besitzen, können sie sich nur *in* einer fremden Zelle vermehren. Viren sind kleinste genetische Einheiten, die durch diese Welt reisen. Einige der Globetrotter haben sich auf den Menschen spezialisiert und jeder, der diesen Satz liest, wird

169

Krebs erzeugende Viren beim Menschen

Virus	Tumorarten	Region häufigen Auftretens	Zusätzliche Risikofaktoren
DNA-Viren: Familie: Papovaviren Papillomviren (verschiedene Typen)	Zervixkarzinom andere Anogenital- karzinome Larynxkarzinom? Hautkarzinom (*Epidermodysplasia verruciformis*) Warzen (gutartig)	weltweit weltweit	Rauchen, Hormone, weitere virale Infek- tionen Röntgenstrahlung rezessive Erb- faktoren, UV-Licht
Familie: Hepadnaviren Hepatitis-B-Virus	Leberzellkarzinom	Südostasien, trop. Afrika	Aflotoxine aus ver- schimmelten Le- bensmitteln, Rau- chen, weitere virale Infektionen, Alkohol
Familie: Herpesviren Epstein-Barr-Virus Humanes Herpes- virus 8	Burkitt-Lymphom Nasopharynx- karzinom Morbus Hodgkin? Kaposisarkom, «Body-cavity- based» B-Zell-Lymphom	Westafrika, Papua- Neuguinea Südchina, Grönland (Eskimos)	Malaria Histokompatibi- litäts-Genotyp, ge- salzener Fisch in der Kinderernährung Aids
RNA-Viren: Familie: Retroviren menschliches T-Zell- Leukämievirus (HTLV-1) HTLV-2 menschliches Immundefizienz- virus (HIV) Familie: Flaviviren Hepatitis-C-Virus	adulte T-Zell-Leu- kämie/Lymphom Haarzellleukämie (?) Kaposisarkom, Lymphome, Zervixkarzinom Leberzellkarzinom	Japan (Kyusu); Westindien	weitere virale Infektionen

von einigen ihrer Artgenossen bewohnt. «Wir haben allerdings keine Ahnung, wie viele Viren es sind», sagt Professor Reinhard Kurth, Direktor des Robert-Koch-Instituts in Berlin.

Bei Husten und geröteter Mund- und Rachenschleimhaut, woran Kleinkinder häufig leiden, wissen die Ärzte, dass «irgendein Virus» die Beschwerden auslöst, doch kennen sie dessen genaue Natur nicht. Nur ein Bruchteil aller Viren ist bisher wissenschaftlich beschrieben, laufend werden neue entdeckt. Im Unterschied zu Schnupfen (*Rhino*-Viren) und Grippe (*Influenza*-Viren) machen sich viele andere Infekte mit Viren überhaupt nicht bemerkbar. Oder man spürt jahrelang nichts – bis dann eines Tages eine bösartige Geschwulst herangewuchert ist. Verschiedene Typen, die man fünf Virusfamilien zuordnet, stehen mit Krebserkrankungen des Menschen in Verbindung.

Hepatitis-C-Virus

Als Ursache des Leberzellkarzinoms gilt das Hepatitis-C-Virus (HCV). Es wurde erst 1989 entdeckt und da es in Kultur schwierig zu züchten ist, kann man es bis heute nicht vernünftig mit dem Elektronenmikroskop darstellen. Allerdings gelang es, sein Erbgut zu entschlüsseln: Die genetische Ausstattung besteht aus RNS mit etwa 9000 Bausteinen. Der Erreger hat in aller Welt schätzungsweise 100 bis 300 Millionen Menschen befallen und wird in Europa durch verseuchte Blutkonserven übertragen. Ein Herzchirurg, die eigene Ansteckung nicht ahnend, operierte in Spanien vier Jahre lang und infizierte fünf seiner Patienten. In der DDR wurden in den 70er-Jahren mindesten 2000 Frauen durch kontaminierte Immunpräparate infiziert. Erst seit 1990 lassen sich Blutkonserven auf HCV testen und in Krankenhäusern und Dialysezentren gehen die Ansteckungen zurück. Experten rechnen aber mit einem «Nachhinken» der Seuche. Sie könnte in den kommenden Jahren bei Tausenden ahnungslosen Bundesbürgern ausbrechen, die vor 1990 Kontakt mit Blutprodukten hatten. Bisher hat die Schattenepidemie mehr als 400 000 Menschen in Deutschland erfasst.

Haben die Viren einen Menschen erreicht, spült sie der Blutstrom in die Leber, wo die heimtückischen Invasoren in die Zellen dringen. Die Krankheit kann dann drei Wege einschlagen. Sehr selten bricht sie sofort mit aller Vehemenz aus. Dann ist allerdings kaum noch Hilfe möglich. Die fulminante Hepatitis endet meist tödlich, falls der Patient nicht ein Spenderorgan erhält, das seine Leber ersetzt. 20 bis 40 Prozent der Infizierten zeigen die Symptome einer akuten Entzündung. Weil die Leber die Gallenfarbstoffe nicht mehr abbaut, entwickelt man eine Gelbsucht, der Urin färbt sich dunkel, die Patienten müssen sich übergeben. Immerhin wird das Leiden früh erkannt und heilt bei jedem Fünften aus.

Doch die meisten Menschen spüren oft gar nicht, dass sich in ihren Leberzellen HCV breit machen. Nur einige fühlen sich schlapp und wundern sich über schmerzende Gelenke. Dem Immunsystem bleiben die Eindringlinge nicht verborgen. Kaum haben die HCV sich in den Leberzellen verschanzt, attackiert das Immunsystem die befallenen Zellen und zerstört etliche von ihnen. Jedoch kurz vor der Vernichtung ändern einige der HCV ihren genetischen Bauplan und vermehren sich in immer neuen Gewändern, welche die genarrten Angreifer zunächst nicht erkennen. Dieses Wechselspiel verhinderte bisher die Entwicklung eines Impfstoffs. Durch die in Schüben auftretenden «Scharmützel» entzünden sich schließlich die Leberzellen. Bei 60 bis 80 Prozent der Patienten heilt die Krankheit nicht mehr aus und manifestiert sich – im Durchschnitt 14 Jahre nach der HCV-Besiedlung – als chronische Hepatitis. Die bei den Gefechten zerstörten Leberzellen werden allmählich durch festes Bindegewebe ersetzt. Das Organ verwächst unumkehrbar zu einem knotigen Klumpen. Solch eine Schrumpfleber (Zirrhose) entwickeln etwa 20 Prozent der chronisch HCV-Infizierten, in der Regel 18 Jahre nach der Ansteckung. Oft erkennt der Arzt die Hepatitis erst in diesem späten Stadium, wenn es für den Patienten bereits bedrohlich ist. Vor der Leber kann sich Blut stauen, in der Speiseröhre entstehen manchmal Krampfadern. Erstaunlich viele Menschen leben viele Jahre mit einer Zirrhose, allerdings erkranken 19 Prozent der Betroffenen im Durchschnitt nach sieben Jahren zusätzlich an einem Leberkarzinom. Offenbar führt die über Jahrzehnte andauernde Entzündung dazu, dass eine Zelle die Kontrolle über ihr Wachstum verliert und zu einer Geschwulst wuchert.

Hepatitis-B-Virus

Rätselhaft wie HCV erscheint das Hepatitis-B-Virus (HBV), das ebenfalls Leberkrebs bewirken kann. 300 Millionen Menschen gelten weltweit als Träger, hierzulande infizieren sich jedes Jahr 50 000 Personen. HBV wird durch Blut und Blutprodukte übertragen, aber auch durch Speichel, Sperma und Vaginalsekret. Erwachsene müssen den Erreger so sehr nicht fürchten: Bei mehr als 90 Prozent von ihnen heilt eine Infektion ab. Ganz anders sieht es bei Neugeborenen aus. In 90 Prozent der Fälle verläuft die Krankheit chronisch; die Infizierten haben ein 100fach erhöhtes Risiko, nach 20 bis 40 Jahren an Leberzellkrebs zu erkranken. In den Tropen bekommen viele Neugeborene das Virus schon bei der Geburt von ihren chronisch infizierten Müttern und in Zentralafrika und Asien sind fünf bis 15 Prozent der Bevölkerung chronische HBV-Träger. Auf Taiwan werden deshalb seit 1984 alle Babys gegen HBV geimpft. Erste Ergebnisse deuten an, die Leberkrebsrate bei Kindern lasse sich deutlich senken. Genaueres wird sich in einigen Jahrzehnten zeigen, wenn die geimpfte Generation herangewachsen ist. Seit 1995 wird diese Impfung für Babys und Jugendliche auch in Deutschland empfohlen – es ist hierzulande die erste gegen Krebs.

DNS- und Retroviren

Sämtliche Tumorviren wirken unmittelbar auf das Erbgut der Wirtszelle, wo sie das Wachstum ankurbeln. Es gibt zwei wichtige Virusformen: die *DNS-Viren*, deren Erbgut aus der Desoxyribonukleinsäure besteht, kurz DNS, und die *Retroviren*. Sie haben ein Erbgut aus Ribonukleinsäure (RNS) und können es in DNS umschreiben. Die meisten Retroviren sind mehr oder weniger harmlose Zellvagabunden. Sie dringen in das Erbgut einer Zelle ein, vermehren ihre eigenen Gene und verabschieden sich wieder. Durch Zufall nehmen sie auf ihren Reisen manchmal ein wichtiges Steuerungsgen des Wirts mit und schleusen es später in das Erbgut einer anderen Zelle. Von seinem neuen Platz aus kann das Gen verschiedene Kontrollmechanismen gehörig durcheinander wirbeln und die Zelle ins Tumorwachstum stürzen. In anderen Fällen setzt sich ein normales Retrovirus unglücklicherweise auf ein Gen im menschlichen Erbgut, das bei der Kontrolle des Wachstums eine Rolle spielt. Auch durch diese Integration am falschen Platz kann Krebs entstehen.

Wenn die DNS-Tumorviren, zu denen HBV zählt, Krebs auslösen, ist das eigentlich eine Art Unfall. Normalerweise dringen DNS-Tumorviren zwar in die Zelle, nicht aber in deren Kern ein. Gleichwohl nehmen die Viren Einfluss auf das Programm der Zelle. Virale Proteine bringen die Wirtszelle dazu, das virale Erbgut zu vermehren. Wenn die Wirtszelle stirbt, dann ist sie angefüllt mit neuen Viren, die nun freigesetzt werden. In Ausnahmefällen jedoch gelangen die viralen Gene sehr wohl in den Zellkern. Sie aktivieren die Maschinerie zur Vervielfältigung von Erbsubstanz – diesmal mit dem folgenreichen Unterschied, dass die befallene Zelle nicht stirbt, sondern beginnt, sich unkontrolliert zu teilen. Den langen Zeitraum zwischen Infektion und Tumorbildung kann man damit erklären, dass die viralen Proteine erst eine kritische Menge erreichen müssen, ehe sie ihren fatalen Effekt ausüben.

Papillomviren

Die Winzlinge, von denen man bisher mehr als 130 Sorten kennt, gibt es auf der ganzen Welt. Über Haut und Schleimhautkontakte haben sie sich flächendeckend ausgebreitet und wohl auf jedem Menschen lassen sie sich finden. Sie sind die Verursacher der gewöhnlichen Hautwarzen, dieser häufigen, gutartigen Wucherungen, die zwar nicht schön aussehen, aber harmlos sind.

Allerdings: Einige der Papillomviren sind gefährlich. Die Typen 16 und 18 wurden von der Internationalen Krebsforschungsagentur in Lyon 1995 als Krebsauslöser eingestuft; sie sind verantwortlich für 70 bis 80 Prozent aller Tumoren, die in Gebärmutterhals, in der Scheide oder am Penis auftreten. Und Gebärmutterhalskrebs macht wiederum knapp 12 Prozent aller Krebserkrankungen bei Frauen aus. Darüber hinaus scheinen 30 weitere Papillomviren bei der Entstehung von Genitalkrebs beteiligt zu sein. Ebenso siedeln Viren oft im Gewebe von Kehlkopf- und Speiseröhrenkarzinomen.

Die Geschwulste sind nicht infektiös. Man steckt sich vielmehr an gesunden Menschen an, die das Papillomvirus auf sich tragen. Ebenso spielen die Viren eine Rolle beim so genannten epithelialen Hautkrebs, der im Gegensatz zum Schwarzen Melanom nicht von den Pigmenten ausgeht. Epithelialer Hautkrebs ist weltweit der häufigste Tumor hellhäutiger Menschen. Die Wucherungen entstehen meist auf jenen Stellen, die oft und lange der Sonne ausgesetzt sind. Doch neben dem UV-Licht scheinen eben Papillomviren ein Risikofaktor zu sein, vermuten Forscher des Deutschen Krebsforschungszentrums (DKFZ). In 91 Prozent der untersuchten Hautkrebspatienten entdeckten sie Spuren von Papillomviren, darunter offenbar 18 zuvor unbekannte Formen.

Manche Tumorviren arrangieren sich mit dem infizierten Menschen. Einerseits vermehrt sich der Erreger, indem er die befallene Zelle in eine Krebszelle verwandelt. Andererseits bekämpft das Immunsystem die Krebszelle. Eine Art Balance zwischen Erreger und

Wirt entsteht, eine latente Infektion. Erst wenn das Immunsystem geschwächt wird, erkrankt der Mensch. Aids-Patienten zum Beispiel, deren Körperabwehr durch das HI-Virus eingeschränkt ist, entwickeln das bösartige Kaposisarkom, einen Hautkrebs, der durch das Herpesvirus (Typ 8) ausgelöst wird.

Gibt es noch mehr Viren, die Tumoren bewirken können? Die Phantasie der Forscher kennt kaum Grenzen. So ging es vor kurzem auf einem Workshop der amerikanischen Gesundheitsbehörde darum, ob Viren hinter bestimmten Formen des Brustkrebses stecken. Auch bei Karzinomen von Prostata, Dickdarm oder Bauchspeicheldrüse könnten die Mikroben mit von der Partie sein. Das alles mag spekulativ klingen – doch hielt man nicht auch die Entdeckung von *H. pylori* anfangs für die fixe Idee zweier australischer Spinner?

Die biologischen Tumorauslöser, die man bisher entdeckte, werfen schon genug Fragen auf. Die wichtigste lautet: Warum erzeugen die Erreger nur in manchen Menschen Krebs? Warum verschonen sie andere? Der Magenkeim *H. pylori* führt nur bei zehn Prozent der Infizierten zu Beschwerden. Nur drei bis vier unter 100 HCV-Infizierten erkranken jemals an Leberkrebs. Und nur die Frauen, die sich in jungen Jahren mit Papillomviren anstecken, tragen ein höheres Risiko, 20 bis 40 Jahre später bösartige Geschwulste zu entwickeln. Die Zahlen stellen Patienten und Ärzte vor ein großes Dilemma – der Nachweis einer Mikrobe ist keineswegs der Nachweis einer Krankheit. Eine Heilung von HCV zum Beispiel gibt es nicht. Aber man kann Interferone geben; auf noch unbekannte Weise hemmt das die Virusvermehrung, freilich nur bei 50 bis 70 Prozent der Patienten. Soll man da einen jungen, völlig beschwerdefreien Menschen, in dessen Leberzellen HCV sitzen, überhaupt behandeln? Die Antwort fällt schwer und kann nur in langen Aufklärungsgesprächen gefunden werden.

Offensichtlich müssen andere Störfälle auf molekularer Ebene hinzukommen, bevor eine Mikrobe eine Zelle in den Tumorstatus treibt. In gesunden Zeiten unterdrückt zudem das Immunsystem Infektionen und tötet Krebszellen, ehe sie sich weiter vermehren können. Wird es geschwächt, verwandelt sich manch harmloses Virus in einen boshaften Tumorauslöser. Die Wissenschaftler versuchen, die Kette der Ereignisse besser zu verstehen. Sollte ihnen das gelingen, dann könnte das schon in naher Zukunft zu Impfstoffen führen, die verhindern, dass Infektionen in Tumoren enden.

Kapitel 10
Leben und leben lassen

Max von Pettenkofer gehörte zu jenem Typ Wissenschaftler, der bereit war, für seine Überzeugungen zu sterben. Der 74 Jahre alte Chemiker mischte sich einen Trunk aus Millionen lebender Cholerabakterien, die er dem Leichnam eines Choleraopfers entnommen hatte, und schluckte die Bazillenbrühe herunter. Der Selbstversuch am 7. Oktober 1892 war Höhepunkt eines erbitterten Streits zwischen dem Münchner Chemiker und dem Berliner Bakteriologen Robert Koch.

Eine Mikrobe allein könne niemals eine schwere Krankheit wie die Cholera auslösen, hielt Pettenkofer seinem Widersacher entgegen. Koch hatte bereits neun Jahre zuvor den Erreger der Cholera entdeckt und gezeigt: Das Bakterium *(Vibrio cholerae)* erzeugt bei Menschen einen lebensbedrohlichen Durchfall. Ein ähnlicher Triumph war Koch schon im März 1882 gelungen, als er bewies: Eine Mikrobe *(Mycobacterium tuberculosis)* verursacht die weithin gefürchtete Tuberkulose.

Der Pionier der Mikrobiologie formulierte damals jene vier Bedingungen, die als Kochsche Postulate bis heute gelten. Sind die vier Bedingungen erfüllt, dann ist ein Krankheitserreger überführt. Erstens muss man den verdächtigten Keim aus dem Körper des Erkrankten isolieren und zweitens in der Kulturschale züchten und vermehren. Wenn man mit den so gezüchteten Keimen drittens ein Versuchstier infiziert, müssen sie die Seuche hervorrufen. Viertens schließlich muss sich der Erreger aus den erkrankten Tieren gewinnen und abermals in Kultur vermehren lassen. Sämtliche Bedingungen erfüllte Robert Koch in seiner Arbeit über den Tuberkelbazillus – zwingender kann ein wissenschaftlicher Beweis kaum sein.

Und doch hielten viele Wissenschaftler Kochs Keimtheorie schlichtweg für falsch. Aus heutiger Sicht mag das ignorant erscheinen, aber die Kritiker, von denen Pettenkofer der lauteste und verwegenste war, brachten gute Gründe vor. Selbst wenn in einer Population alle Menschen mit dem Tuberkelbakterium infiziert sind, dann bricht die Krankheit nur bei wenigen Menschen aus. Ähnliches gilt für die Cholera. Offenbar braucht es also noch mehr Faktoren für den Seuchenausbruch, folgerte Pettenkofer. Tuberkulose und Cholera brachen fast immer in räumlich eng begrenzten Wohnvierteln aus. Boden und Grundwasser verströmten hier krank machende Stoffe, vermutete der Wissenschaftler.

Vor Bakterien allein fürchtete der Chemiker sich deshalb nicht. Er neutralisierte seine Magensäure vor seinem Selbstversuch sogar noch mit Haushaltsnatron, damit die Keime unbeschadet den Magen passieren und lebend im Darm ankommen konnten. Dann trank er die hochkonzentrierte Bazillenlösung. Am nächsten Tag schmerzte der Bauch und er hatte einen ordentlichen Durchfall. Die Cholerabakterien in seinem Stuhl vermehrten sich zwar enorm – doch Pettenkofer erkrankte nie ernsthaft und strotzte nach wenigen Tagen wieder vor Gesundheit.

Infektion ist nicht gleich Krankheit

Das Überleben des störrischen Alten beweist: Eine Infektion ist mitnichten dasselbe wie eine Krankheit. Als Robert Koch seine Arbeit über die Entdeckung des Tuberkuloseerregers 1882 vortrug, hatten einige der Zuhörer höchstwahrscheinlich eine Infektion mit dem weit verbreiteten *M. tuberculosis* hinter sich, ohne es gemerkt zu haben. Das galt damals für die meisten Erwachsenen – und sogar für Koch. Der Medizinnobelpreisträger von 1905 untersuchte sich selbst und stellte fest: Auch er hatte sich irgendwann einmal in seinem Leben den Tuberkelbazillus eingefangen. Doch Koch erfreute sich stets guter Gesundheit, bis er nach einem Schlaganfall im Alter von 66 Jahren starb.

Der Erreger der Malaria tropica, das einzellige Sporentierchen *Plasmodium falciparum*, rafft zwar jedes Jahr 1,5 Millionen Menschen dahin und ist damit nach wie vor eine Geißel der Menschheit. Insgesamt jedoch leben eine Milliarde Erdenbürger mit dem Sporentierchen und viele werden sogar immun. So besehen zählt *P. falciparum* in manchen Gesellschaften Afrikas zur normalen Fauna des Menschen. Doch lesen sich Darstellungen über das Zusammenleben von Mensch und Mikrobe auf unserem Körper fast immer wie Auszüge aus einem Heeresbericht. Da ist von «Killerviren», «Invasoren» und «Todeskeimen» die Rede, die mit unserem Immunsystem Kriege auf Leben und Tod führen. Nur selten werden die Dinge so differenziert beschrieben, wie es der englische Wissenschaftsautor Bernard Dixon in seinem Buch «Magnificent Microbes» tut:

> Die Wahrheit aber ist, dass wir alle kontinuierlich infiziert werden – und nicht nur von Nützlingen wie die Darmbakterien, die Vitamine herstellen. Die meisten von uns beherbergen entweder vorübergehend oder unser ganzes Leben lang viele Mikroben, die fähig wären, uns zu lähmen, zu vergiften, verhungern zu lassen, zu ersticken oder zu Tode bluten zu lassen. Menschen, die in jeder Hinsicht gesund und munter sind, können Tuberkulose-Bazillen, Polio-Viren, Streptokokken, die rheumatisches Fieber bewirken, und viele andere ‹Krankheitserreger› tragen, ohne dass sie auch nur die geringsten Unannehmlichkeiten verspürten.

Max von Pettenkofer bewies mit seinem Selbstversuch also nicht nur Wagemut, sondern auch Weitblick. In seiner Seuchentheorie, an welcher er bis zu seinem Tode 1901 festhielt, hatte er jedoch auf die falschen Faktoren getippt. Die von ihm postulierten krank machenden Stoffe aus Boden und Grundwasser *(Miasmen)* gibt es nicht; auch übersah er, dass sich Mikroben in unsauberem Trinkwasser verbreiten können. Der entscheidende Faktor, ob eine Infektion zu einer Erkrankung führt, ist die individuelle Abwehrsituation des einzelnen Menschen. In gesunden Zeiten hält das Immunsystem unsere Mikroben in Schach. Deshalb überlebte der rüstige Pettenkofer den Choleracocktail. Welche Mikrobe «mein Freund» ist und welche «mein Feind», kann sich im Lebensraum Mensch innerhalb von Stunden ändern. Es wäre ein unsinniges Unterfangen, die Lebewesen auf unserem Körper in Gut und Böse unterteilen zu wollen.

Das Masernvirus, der Tuberkelbazillus und allerlei weitere Mikroben wurden im 16. Jahrhundert von den Konquistadoren in die Neue Welt gebracht. Diese «spanischen Keime» töteten vermutlich 95 Prozent der Azteken und Inkas, weil sie gegen die in Europa weit verbreiteten Erreger noch keine Abwehrkräfte besaßen. Vor dem Auftauchen der Spanier gab es unter den Ureinwohnern Amerikas wenige Infektionskrankheiten (vermutlich, weil sie kaum Haustiere hielten und deshalb nur selten mit Tiermikroben in Kontakt kamen). Aus diesem Grund brauchten die Spanier keine Ansteckung durch «indianische Keime» zu fürchten.

Aber nicht alle infizierten Azteken und Inkas starben den Seuchentod, was noch einmal zeigt: Jeder Mensch reagiert etwas anders auf Ansteckungen. Chlamydien, Papillomviren, Hefepilze oder etwa Geißeltierchen finden sich auf den meisten Bundesbürgern und machen nur die wenigsten krank.

Helicobacter pylori ist gemeinsam mit dem Menschen evolviert, hat sich im Laufe von Millionen von Jahren an lebensfeindliche Bedingungen im Magen angepasst und bewohnt mehr als der Hälfte der Menschheit. Zehn Prozent der Besiedelten bekommen Entzündungen, Geschwüre und manchmal sogar Tumoren. 90 Prozent bleiben dagegen gesund und profitieren sogar, weil der Magenbewohner andere Mikroben verscheucht. Die uralte Beziehung zwischen *Helicobacter* und *Homo sapiens* passt nicht in die üblichen Kategorien, die da heißen: Parasit, Kommensale, Symbiont.

Freund und Feind

Zu Beginn der Liaison gab es zwei Möglichkeiten. Der menschliche Körper hätte *Helicobacter* abtöten können; dabei wäre aber vermutlich die Schleimhaut und mit ihr die Magenfunktion zerstört worden. Unser Organismus hat sich für die zweite Variante entschieden. Er hat gelernt, den Magenbewohner zu tolerieren. Dass der Keim in manchen Mägen Beschwerden verursacht, liegt womöglich an der veränderten Lebensweise des modernen Menschen. Aufgrund der verbesserten Lebensbedingungen und der gesteigerten Hygiene steckt man sich heutzutage später mit Mikroben an, als das früher der Fall war. Doch im fortgeschrittenen Alter ist der Infizierte weniger tolerant und oftmals anfälliger für Entzündungen im Magen.

Wie schmal der Grat zwischen krank und gesund ist, zeigen auch die *Herpes*-Viren. Sie bilden eine große Gruppe von Viren, deren Erbgut aus DNS besteht. Bisher hat man acht verschiedene Virustypen auf dem Menschen gezählt, von denen sechs genauer erforscht sind.

Die weit verbreiteten Winzlinge besitzen eine unheimliche Eigenart. Wenn sie uns einmal befallen haben, bleiben sie uns für den Rest des Lebens erhalten. Sie warten im Innern von Zellen, beispielsweise in den Neuronen unseres Gehirns oder in den Gaumenmandeln, ohne dass wir etwas merken. Die Tabelle auf Seite 183 gibt einen Überblick über die bisher bekannten Virustypen. Doch in Stresssituationen werden diese Latenzphasen unterbrochen. Die Herpesviren tauchen urplötzlich auf, vermehren sich rasend schnell und verursachen Beschwerden. Lippenherpes beispielsweise blüht denn regelrecht auf. Genauso geschwind ziehen die Viren sich aber auch wieder zurück – bis zum nächsten Ausbruch.

Herpesviren im Überblick

Virus	Verbreitung	Versteck im Körper	Beschwerden bei Ausbruch	Ansteckungsweg
Herpes-simplex-Virus 1	90 % der Erwachsenen	Nervenzellen	Bläschen an Lippe, Mundschleimhaut und Nase, kann auch Augen und Genitalien betreffen	Speichel, enger Hautkontakt
Herpes-simplex-Virus 2	30 bis 40 % der Bevölkerung	Nervenzellen	Genitalherpes: Brennen, Rötung, Bläschen an den Geschlechtsorganen, am After und am Gesäß	Geschlechtsverkehr
Varizella-zoster-Virus	90 % der zehn Jahre alten Kinder	Nervenzellen	Windpocken bei Kindern: heftig juckender Hautausschlag am Körper (schwerer Verlauf bei Erwachsenen)	Tröpfcheninfektion, Hautkontakt mit Menschen mit Gürtelrose
			Gürtelrose (Herpes zoster): meist gürtelförmiger, einseitiger Hautausschlag im Lendenbereich oder Gesicht	nur als Folge der Windpocken
Epstein-Barr-Virus	95 % der Erwachsenen	weiße Blutkörperchen (Lymphozyt)	Pfeiffersches Drüsenfieber: grippeähnliche Symptome mit Fieber, Halsweh und Lymphknotenschwellung	Speichelkontakt, deshalb auch «Kusskrankheit» genannt
Zytomegalie-Virus	nahezu 100 % der Bevölkerung	weiße Blutkörperchen (Lymphozyt)	bei Gesunden ohne Symptome, bei Immunschwachen gefährliche Infektionen	enger Körperkontakt (meist schon im Kindesalter)
Humanes Herpesvirus 6	mehr als 80 % der Bevölkerung	vermutlich Speicheldrüse, weiße Blutkörperchen, Rachenepithel	«Dreitagefieber»	Speichel

Virus	Verbreitung	Versteck im Körper	Beschwerden bei Ausbruch	Ansteckungsweg
Humanes Herpesvirus 7	mehr als 80 % der Bevölkerung	vermutlich Speicheldrüse, weiße Blutkörperchen, Rachenepithel	meist keine Symptome	Speichel
Humanes Herpesvirus 8	homo- und bisexuelle Männer haben ein 100 000fach erhöhtes Infektionsrisiko	?	enge Assoziation mit dem Kaposisarkom (bei Aids-Kranken)	noch unbekannt, vermutlich sexuell

Was Mikroben gedeihen lässt

Stress kann einen gesunden Menschen anfällig machen für Infektionskrankheiten. Das Phänomen wurde an Mäusen und Ratten eingehend untersucht: Wenn man den Tieren den Schlaf entzieht, sie körperlich auslaugt, ihnen miserables Futter vorsetzt und das Wasser verweigert oder etwa sie drastischen Klimaänderungen aussetzt, erkranken sie überdurchschnittlich häufig und heftig an Infektionen. Ratten, die sich über einen langen Zeitraum körperlich verausgaben müssen, sterben häufiger an experimentell herbeigeführten Salmonelleninfektionen als ausgeruhte Artgenossen. Tier und Mensch reagieren auf Stress mit der Ausschüttung bestimmter Hormone wie Kortison, was die Abwehrkraft mindern kann.

Das **Alter** spielt eine ebenso wichtige Rolle. Infektionskrankheiten häufen sich unter sehr jungen und alten Menschen. In einem Kind entwickelt sich die normale Darmflora zwar recht schnell, doch unterscheidet sie sich noch eine Weile von der Flora eines Erwachsenen. Bis dahin, besonders in der ersten Lebensphase, besitzen pathogene Keime erhöhte Chancen, sich auszubreiten. Zum Beispiel erkranken Kinder unter einem Jahr überdurchschnittlich häufig an Durchfällen, die durch bestimmte *Escherichia coli*-Stämme oder *Pseudomonas aeruginosa* erzeugt werden. Die Bakterien können aus der normalen Flora der gesunden Mutter stammen.

Menschen über 65 Jahren sind ebenfalls anfälliger als jüngere Erwachsene. Vor allem die Grippe macht Senioren zu schaffen. Dass Max von Pettenkofer im Alter von 74 Jahren den Choleracocktail überstand, zeugt nur von seiner Vitalität. Mit dem Alter verändert sich der Körper, auch das fördert Infektionen. Ein Beispiel: Der Harnstrahl hat eine reinigende Wirkung. Er spült Mikroben fort und hält so die Blase steril. Männern jenseits der fünfzig klagen jedoch häufig über eine gutartige Vergrößerung der Vorsteherdrüse (Prostata). Das schwächt den Harnstrahl: Bakterien können in den Urogenitaltrakt aufsteigen und ihn entzünden.

Die **Ernährung** beeinflusst ebenfalls die Abwehrkraft. Dass in Zeiten der Hungersnot Infektionskrankheiten um sich greifen, haben Menschen seit Jahrhunderten erfahren müssen. Das von Läusen übertragene und von Bakterien ausgelöste Fleckfieber nannte man bis vor kurzem noch «Hungertyphus». Ein Mangel an Proteinen ändert offenbar die Zusammensetzung der Darmflora; schädliche Keime können sich besser vermehren. Die allermeisten der schätzungsweise 2,5 Millionen Menschen, die jedes Jahr an der Cholera sterben, sind schlecht und nicht ausreichend ernährt.

Ein Zuviel an Essen kann aber ebenfalls schädlich sein. Das zumindest hat man bei Schafen beobachtet: Wenn die Tiere sich permanent überfressen, können bestimmte Bakterien im Darm wuchern – abnorme Gasmengen entstehen.

Der Verzicht auf bestimmte Nahrungsmittel schützt vor Infektionskrankheiten. Wer konsequent auf den Haushaltszucker, die Sucrose, verzichtet, hat keine Probleme mit der Zahnfäule. Ohne Sucrose sind die Kariesbakterien *Streptococcus mutans* und *S. sobrinus* nicht in der Lage, jene Polysaccharidmoleküle herzustellen, mit denen sie sich an den Zahn heften.

Immunschwäche fürchten Opportunisten

Zwar haben sich die Lebensumstände der westlichen Industriegesellschaften kontinuierlich verbessert, aber dennoch haben ausgerechnet die Errungenschaften der modernen Medizin viele Menschen anfälliger für Infektionen gemacht. Die Heilkunst produziert nämlich etwas, was die Autoren des amerikanischen Lehrbuchs «Biology of Microorganisms» **compromised host** nennen. In diesem immunschwachen Wirt sind einer oder mehrere Mechanismen der Abwehr eingeschränkt. Häufig trifft das zu auf Patienten im Krankenhaus. Wenn Ärzte Katheter legen, Spritzen setzen, mit Hohlnadeln stechen und Gewebestückchen wegzwacken, dann eröffnet das Bakterien Chancen, in den Körper einzudringen. Schnitte des Chirurgen legen eigentlich sterile Regionen des Körpers frei; zur gleichen Zeit schwächt der Operationsstress die Abwehrkraft des Patienten. Empfänger von Organen schließlich müssen jeden Tag Arzneimittel schlucken, welche die Immunabwehr dämpfen. Das macht anfällig für Viren und Mikroben. Jedes Jahr infizieren sich 450 000 bis 900 000 Patienten in hiesigen Krankenhäusern. Etwa jede dritte Ansteckung kommt von außen; in den anderen Fällen erkranken die Menschen an ihren eigenen, eigentlich harmlosen Bakterien. Viele Klinikpatienten sterben im Krankenhaus nicht an ihrer Grunderkrankung, sondern an Mikroben, denen sie als immunschwacher Wirt zu wenig entgegenzusetzen haben.

Nicht nur bestimmte medizinische Eingriffe, auch Rauchen, exzessiver Alkoholkonsum, Drogenmissbrauch, Schlafentzug und Mangelernährung schlagen sich auf die Abwehr nieder. Infektionen selbst können einen ebenso schwächen, wie das HI-Virus zeigt. HIV zerstört wichtige Immunzellen, die T-Helferzellen. Deshalb sterben die meisten Aids-Kranken an weit verbreiteten Mikroben, die sich auf ihrem immunschwachen Körper explosionsartig teilen. Man nennt sie opportunistische Mikroben – sie besiedeln den Menschen nur so lange friedlich, wie es ihm gut geht.

Das erst 1994 entdeckte Humane Herpesvirus 8 zählt zu den Opportunisten. Es löst vermutlich Kaposisarkome aus. Diese münzgroßen, blauroten Krebsknoten wachsen typischerweise an Füßen und Unterschenkeln von Aids-Kranken und bei schweren Verläufen auch auf Genitalien, Gesicht und Hals. Ebenso breiten sich Hefepilze der Gattung *Candida* auf immunschwachen Patienten aus. Weißlicher Pilzbelag auf Schleimhäuten (Soor) gilt Ärzten als erster Hinweis auf eine HIV-Infektion.

Das Geißeltierchen *Giardia lamblia* ruft in vielen Menschen überhaupt keine Symptome hervor, doch im Darm Aids-Kranker pflanzt es sich in Massen fort. Bestimmte Amöben, Sporentierchen, der Einzeller *Blastocystis hominis*, der Erreger der Toxoplasmose *Toxoplasma gondii* sowie weitere Protozoen, Zwergfadenwürmer oder etwa Krätzmilben vermehren sich auf HIV-Infizierten rasant. Die meisten Immunschwäche-Patienten in Europa und in den Vereinigten Staaten sterben am Befall mit Einzellern oder Würmern; in Afrika raffen meistens sich rasend schnell ausbreitende Viren und Bakterien Aids-Kranke dahin.

Gefahren durch neue Keime

In seltenen Fällen entsteht in unserer normalen Flora urplötzlich ein neues Bakterium. Das kann zu mysteriösen Seuchen führen wie beispielsweise im Dezember 1981 in der Kleinstadt White City (US-Bundesstaat Oregon): Zwölf Menschen, von Magenkrämpfen geschüttelt und Durchfall gemartert, meldeten sich in der Notaufnahme des Krankenhauses. Die Ärzte suchten im blutigen Stuhl der Patienten nach Erregern, doch sie fanden nichts. Dass alle Erkrankten zuvor im Schnellrestaurant gegessen hatten, machte niemanden stutzig.

Ein Jahr später, im Mai 1982, bekamen einige Menschen in Michigan blutigen Durchfall. Auch sie hatten Imbiss-Hackfleisch verspeist. Zur gleichen Zeit fiel einem Mikrobiologen auf, dass von den zwölf Stuhlproben aus White City neun einen bestimmten Stamm des Bakteriums *Escherichia coli* enthielten: *E. coli* 0157:H7. Der kryptische Name beschreibt bestimmte Proteine auf der Oberfläche des Wesens. Der Mikrobiologe schöpfte keinen Verdacht. *E. coli* ist als friedfertiger und ubiquitärer Darmkeim in Tieren und allen Menschen bekannt. Es wurde 1885 von dem deutschen Kinderarzt Theodor Escherich entdeckt und nach ihm benannt.

Wenig später stießen andere Mikrobenjäger erneut auf den sonderbaren Keim. In jener Fleischfabrik, die das Schnellrestaurant in Michigan beliefert hatte. Nun war ihr Interesse geweckt. In ihrer Datenbank stießen sie unter 3000 *E.-coli*-Proben auf nur einen Stamm E. coli 0157:H7. Er war 1975 aus dem Stuhl einer Frau isoliert worden. Weitere Nachforschungen ergaben: Man hatte die Probe entnommen, weil die Frau unter blutigem Durchfall litt – wie Jahre später die Opfer der «Hamburger-Krankheit». Es zeigt sich, dass der entdeckte *E.-coli*-Stamm im Unterschied zu seinen harmlosen Artgenossen ein giftiges Eiweiß produziert, ein Toxin. Es verursacht auf noch nicht ganz geklärte Weise blutigen Durchfall. Vor allem bei Kindern und alten Menschen kann das Toxin das so genannte hämolytisch-urämische Syndrom bewirken, das zu Nierenversagen führen kann.

Doch wie war das Toxin überhaupt in die Mikrobe gelangt? Weitere Analysen offenbarten, dass *Shigella*-Bakterien ein nahezu identisches Toxin besitzen wie E.-coli 0157:H7. Shigellen verursachen die bakterielle Ruhr und kommen nur in südlichen Gefilden vor. Ein großer Ausbruch hatte in den 70er-Jahren in Mittelamerika gewütet. Für die Entstehung des neuen *E.-coli*-Stamms entwarfen die Seuchendetektive folgendes Szenario: Während der Epidemie in Mittelamerika trafen die *Shigellen* auf die *E.-coli*-Bakterien. Im Darm irgendeines arglosen Menschen habe ein Virus das Toxin-Gen aus einer Shigelle in ein *E.-coli*-Bakterium verschleppt – ein neuer Stamm war entstanden. Der Keim habe sich rasch vermehrt. Seine Nachfahren lebten in Rindern, gelangten beim Schlachten ins Fleisch und haben so die Welt erobert. Im Jahre 1993 tauchten sie in Buletten eines Schnellrestaurants namens «Jack in the box» auf – vier amerikanische Kinder starben an verseuchtem Hackfleisch. Drei Jahre später brachen die Keime in Japan aus; Tausende Menschen wurden krank.

O157:H7 ist nur eine unter vielen neuen *E.-coli*-Varianten. Sie werden unter dem Kürzel «EHEC» zusammengefasst. Das steht für enterohämorrhagische *Escherichia coli* und meint Kolibakterien, die Darmblutungen hervorrufen. Weitere Sorten sind die so genannten enterotoxinbildenden *E.-coli*-Stämme (ETEC). Die in warmen Ländern häufigen Bazillen bescheren den Reisedurchfall.

Nicht nur durch Gentransfer von Mikrobe zu Mikrobe können neue Typen entstehen, sondern auch durch Mutationen. Wann immer sich ein Bakterium teilt, können Mutationen entstehen. Zufällige Kopierfehler bei der Verdoppelung des Erbguts. Manche der 100 Billionen Bakterien auf unserem Körper verdoppeln ihr Erbgut alle 20 Minuten. Das addiert sich zu einer aberwitzig großen Zahl von Chancen, dass eine Mikrobe zu einem wahren Krankmacher mutiert. Vermehrten die Menschen sich wie die Bakterien durch ungeschlechtliche Querteilung, dann hätten wir dieser gewaltigen Zahl von Mutationen nichts entgegenzusetzen. Zumal wir uns ja nicht alle 20 Minuten querteilten, sondern alle 20 Jahre. Mutierte Mikroben hätten das Schicksal der Menschheit vermutlich längst besiegelt, wäre da nicht ein Schutzmechanismus entstanden – der Sex.

Wann immer ein Mensch sich fortpflanzt, vermischt er seine Gene mit den Genen eines anderen Menschen. Dadurch entstehen Generation auf Generation genetisch einzigartige Nachkommen mit einzigartigen Abwehrmechanismen. Wenn ein mutierter Keim die Abwehr eines bestimmten Menschen geknackt hat, dann wird er es nicht schaffen, die ganze Population auszulöschen. Die Gene sind neben Stress, Alter und Ernährung ein weiterer Faktor, warum jeder Mensch unterschiedlich auf eine Infektion reagiert. So sind einige Menschen dank einer genetischen Variante immun gegen das HI-Virus. Auch unter den Azteken und Inkas widerstanden einige aufgrund ihrer besonderen Genausstattung jenen Mikroorganismen, welche mit den Spaniern zu ihnen kamen.

Fäulnis ist Leben

Wenn der Mensch tot ist, geht das Leben auf seinem Körper weiter. Bakterien, die zu unseren Lebzeiten die Schranken unseres Immunsystems respektierten, durchbrechen auf einmal Gewebebarrieren. Das Spektakel beschreibt der Autor Richard Selzer in seinem Buch «Mortal Lessons»:

> Es wird einen Festschmaus geben. Der Tisch ist reich gedeckt. Die Tafel ächzt. Die Gäste sind schon eingetroffen. Unzählige Bakterien, die – im Leben – mit ihrem Wirt in saprophiler* Harmonie gewohnt hatten. Jetzt sind sie an der Reihe! Voller Energie drücken sie gegen die Membran-Barrieren, brechen durch die neue Weichheit, fegen über Ebenen aus Gewebe. Sie schlingen, sie stoßen Gas hervor – ein Gas, das Augenlider, Wangen, Bauch in Blasen von mörderischem Dunst hüllt. Der dünnste Mensch bläht sich auf bis zur Korpulenz. Der geschwollene Bauch platzt mit einem wunderbaren Laut, dem ein langes schäbiges Fauchen folgt.

Für die Fäulnis eines Toten machten die Menschen des Altertums die Steinsärge verantwortlich: Sie würden den Leichnam allmählich vernichten. Bis heute werden steinerne Prunksärge Sarkophage genannt, so hießen bei den alten Griechen die «Fleischfresser».

---

* saprophil = von verwesenden, faulenden Stoffen lebend

«Gewürm labt sich an ihm»

Bakterien sind beileibe nicht die Einzigen, die sich an den Verstorbenen schadlos halten. Bald krabbeln die ersten Insekten auf dem toten Körper herum, vor allem, wenn dieser nicht bestattet wird. Das seien keine Zufallsgäste, sagt Kenneth V. Iserson, Autor und Chirurg an der Universität von Arizona. Die Insekten befinden sich «keineswegs einfach so auf einem Leichnam, vielmehr werden sie anscheinend durch einen ‹universellen Todesduft› angezogen. Was diesen Duft hervorruft, das muss noch bestimmt werden. Doch scheint er auf machtvolle Weise Insektenpopulationen herbeizurufen, die mikroskopische Mengen von flüchtigen Chemikalien erkennen können.»

Während Menschen den Geruch eines frisch verstorbenen Leichnams nicht wahrnehmen, besitzen Fliegen dafür ein ausgesprochenes Gespür. Schmeißfliegen schwärmen aus einer Entfernung von bis zu drei Kilometern herbei. In Wäldern, in denen im natürlichen Stoffwechselkreislauf Tierkadaver auftreten, landet die erste Fliege schon nach Sekunden auf der Leiche und legt ihre Eier ab. Nach wenigen Stunden schlüpfen Maden und beißen sich durch das tote Fleisch. Schätzungsweise 150 000 Fliegenlarven fressen auf einem Toten – «Gewürm labt sich an ihm», heißt es schon in der Bibel (Hiob; 24,20).

Haben die Maden ihr Mahl beendet, folgen Käfer und fressen die Haut, dann kommen Spinnen, Milben und Tausendfüßler als Bodenbewohner herbei. Sie verdrängen jene Insekten, die sich noch auf der Leiche herumtreiben. Obwohl die Verwertung des toten Körpers kontinuierlich geschieht, kann man sie in verschiedene Invasionswellen einteilen. Die unterschiedlichen Insektenarten landen in einer festen Reihenfolge auf dem Körper, die von allerlei Faktoren abhängt. Daraus ist eine Wissenschaft entstanden, die schon manchen Mörder hinter Gitter gebracht hat: die forensische Entomologie.

Das Treiben der Insekten auf einem Leichnam wird beeinflusst durch Todeszeitpunkt, Wetter, Fundort und Zustand des Körpers. Die Experten sammeln Maden und schauen im Labor, was für Fliegenarten aus ihnen schlüpfen. Aufschlussreich sind Versuche im Freiland. Inspektor Claude Wyss von der Polizei in Lausanne bekleidete im Mai 1997 ein totes Schwein mit einem Pyjama, legte es auf eine Wiese und dokumentierte, welche Insekten in welcher Fraßfolge zu welchem Zeitpunkt kamen. Dank solcher Daten können forensische Entomologen sogar Jahrzehnte nach dem Tod eines Lebewesens noch bestimmen, wann und wo das Opfer starb.

Der erste Einsatz der forensischen Entomologie in Europa endete 1850 mit Freispruch. Ein Paar war des Mordes angeklagt, denn man hatte in der Wohnung hinter dem Kamin eine bereits mumifizierte Kinderleiche entdeckt. Der Fall schien klar. Doch dann untersuchte ein Insektenkundler Milben und Schalen der Fliegenpuppen auf dem toten Körper und erkannte: Die Leiche hatte bereits hinter dem Kamin gelegen, als die Beschuldigten in die Wohnung gezogen waren. Der Verdacht fiel auf den vorherigen Bewohner. Auch wenn Leichen begraben werden, machen sich Mikroben und Insekten ans Werk. Den Körper eines Erwachsenen, der ohne Sarg in 180 Zentimeter Tiefe gelegt wird, skelettieren die Bakterien und Insekten in zehn bis zwölf Jahren. Irgendwann haben die Besiedler auch das letzte Molekül Kalziumphosphat aus dem Knochen eines Menschen zurückgegeben in den Kreislauf der Natur. Der Zerfall zu Staub ist also keineswegs der Schlusstusch für das Leben auf dem Menschen. Kaum haben die Mikroben ihr zersetzendes Werk beendet, entstehen aus den übrig gebliebenen Molekülen bereits neue Menschen, und alles geht von vorne los.

Mensch & Co – Leben als Joint Venture

Wohin wird das Leben auf dem Menschen noch führen? Die Bakterien, Viren, Flöhe, Fliegen, Milben, Vampire, Mücken, Wanzen, Hefen, Würmer, Urtierchen, Läuse, Egel, Zecken, Pilze und der Mensch wurden über Milliarden von Jahren zu einem dynamischen und erfolgreichen Ökosystem. Die unterschiedlichsten Arten haben sich auf das innigste miteinander verbunden. Mensch & Co erinnern an ein Joint Venture: Dank der jeweiligen Partner vollbringen die einzelnen Mitglieder Dinge, die ihnen allein nicht gelängen.

Erfolgreiche Lebensformen entwickeln sich und kommen sich dabei immer näher. Wer weiß – vielleicht werden unsere Besiedler, Gäste und Besucher und wir schon bald Teil eines globalen Gesamtorganismus sein?

Dass alles Leben auf der Erde miteinander verwoben ist und die Erde selbst einen biologischen Körper darstellt, fiel dem englischen Chemiker James E. Lovelock als Erstem auf. Er war in den 60er-Jahren Berater der Nasa und erforschte, wie man etwaiges Leben auf dem Mars nachweisen könne. Dazu bestimmte er Gase in der Atmosphäre. Bei seinen Untersuchungen wurde ihm klar: Lebende Organismen haben einen immensen Einfluss auf die Atmosphäre eines Planeten. Vor den ersten Pflanzen und Tieren herrschten Bakterien und größere Mikroben auf der Erde und prägten die Zusammensetzung der Atmosphäre. Lovelock entwickelte seine Gedanken mit der Biologin Lynn Margulis weiter. Demnach beeinflussen die zehn bis dreißig Millionen Arten von Lebewesen jene Bedingungen auf dem Boden und in der Atmosphäre, welche den Planeten bewohnbar machen. Es darf nicht zu heiß sein und nicht zu kalt; die Ozeane nicht zu salzig und nicht zu sauer.

Geschieht all das zufällig? James E. Lovelock bezweifelt das. Steuervorgänge erhalten in Mensch und Tier das physiologische Gleichgewicht von Blutdruck, Körpertemperatur oder dem pH-Wert des Blutes aufrecht. Auf ähnliche Weise sorge das Leben auf der Erdoberfläche für eine Balance, die das Leben erhält. Lovelock taufte seine provokante Hypothese nach der altgriechischen Göttin der Erde: Gaia.

Das ist umstritten und manche Wissenschaftler verspotten Gaia als Hirngespinst. Viele Menschen finden dagegen Trost in dem harmonischen Weltbild, welches Gaia zeichnet: Die Mutter Erde achtet auf ihre und damit unsere Geschicke.

Mag sein, dass die Gaia-Hypothese mehr Glaube ist denn Wissenschaft, eines stellt sie nochmals klar: Kein Geschöpf auf Erden meistert das Leben ganz allein – *Sie* sind der lebende Beweis.

Literatur

Zitierte und weiterführende Literatur:

Kapitel 1:

David Brown: «A Microbe's Map of Migration», *The Washington Post* (9. August 1999).

Luigi Capasso: «5300 years ago, the Ice Man used natural laxatives and antibiotics», *Lancet*, Nr. 352, S. 1864 (1998).

Richard Conniff: «Body Beasts», *National Geographic*, Nr. 12, S. 102 (1998).

Jens Mayer et al.: «An almost intact human endogenous retrovirus K on human chromosom 7», *Nature Medicine*, Bd. 21, S. 251 (1999).

Lynn Payer: *Andere Länder, andere Leiden: Ärzte und Patienten in England, Frankreich, den USA und hierzulande*, Frankfurt am Main (1989).

Theodor Rosebury: *Der Reinlichkeitstick*, Hamburg (1972).

Kapitel 2:

Rodney D. Berg: «Host Immune Response to Antigens of the Indigenous Intestinal Flora», in: *Human Intestinal Microflora in Health and Disease*, London (1983).

Michael Blaut: «Aufbau der Darmflora und Rolle der Probiotika für die Gesundheit des Menschen», in: *Probiotika – Tatsachen und Meinungen*, SMK-Schrift Nr. 4, Liebefeld-Bern (1997).

Henning Brandis, Hans J. Eggers, Werner Köhler, Gerhard Pulverer: *Lehrbuch der medizinischen Mikrobiologie*, Stuttgart (1994).

Lynn Bry, Per G. Falk, Tore Midtvedt, Jeffrey I. Gordon: «A model of Host-Microbial Interaction in an Open Mammalian Ecosystem», *Science*, Bd. 273, S. 1380 (1996).

Per G. Falk, Lora V. Hooper, Tore Midtvedt, Jeffrey I. Gordon: «Creating and Maintaining the Gastrointestinal Ecosystem: What We Know and Need to Know from Gnotobiology», *Microbiology and Molecular Biology Reviews*, Bd. 62, Nr. 4, S. 1157 (1998).

Klaus F. Kölmel et al.: «Infections and melanoma risk: Results of a multicentric EORTC Case-control study», *Melanoma Research*, Bd. 9, S. 511 (1999).

U. Krämer, J. Heinrich, M. Wjst, H.-E. Wichmann: «Age of entry to day nursery and allergy in later childhood», *The Lancet*, Bd. 352, S. 450 (1998).

Paul de Kruif: *Mikrobenjäger*, Zürich (1935).

Philip A. Mackowiak: «The normal microbial flora», *The New England Journal of Medicine*, Bd. 307, S. 83 (1982).

S. Salminen et al.: «Functional food science and gastrointestinal physiology and function», *British Journal of Nutrition*, Bd. 80, S. 147 (1998).

Charly O. Starnes: «Coley's toxins in perspective», *Nature*, Bd. 357, S. 11 (1992).

Kapitel 3:

Alain Corbin: *Pesthauch und Blütenduft. Eine Geschichte des Geruchs*, Frankfurt am Main (1988).

Bernard Dixon: «Take your shoes off, breathe deep: yes, the pong has gone!», *Independent* (1992).

John Emseley: *Parfum. Portwein, PVC ... Chemie im Alltag*, Weinheim (1997).

Birgit Lahann: «Laßt fahren dahin», *Stern* Nr. 40 (1980).

Medical Tribune: «So geht Liebe durch die Nase», vom 9. 4. 1999.

Günther Ohloff: *Irdische Düfte – himmlische Lust: Eine Kulturgeschichte der Duftstoffe*, Basel (1992).

F. L. Suarez, J. Springfield, M. D. Levitt: «Identification of gases responsible for the odour of human flatus and evaluation of a device purported to reduce this odour», in *Gut*, Bd. 43, S. 100 (1998).

Patrick Süskind: *Das Parfüm*, Zürich (1985).

Kapitel 4:

Michael Andrews: *The Life That Lives On Man*, New York (1977).

Wolfgang Blum: «Blut saugen nur die Weibchen», *Die Zeit* Nr. 32/ 1996.

Midas Dekkers: *Geliebtes Tier*, Reinbek bei Hamburg (1996).

Grzimeks Tierleben: *Insekten*, München (1993).

Marvin Harris: *Wohlgeschmack und Widerwillen*, München (1995).

Lynn Margulis: «Invisible Empire», *The Sciences*, Januar/Februar-Heft, S. 41 (1995).

Birgit und Heinz Mehlhorn: *Zecken, Milben, Fliegen, Schaben – Schach dem Ungeziefer*, 2. Auflage, Berlin, Heidelberg (1992).

Heinz Mehlhorn und Gerhard Piekarski: *Grundriß der Parasitenkunde*, 5. Auflage, Stuttgart, Jena, Lübeck, Ulm (1998)

Kapitel 5:

Jörg Blech: «Blutegel mit neuem Biss», *Die Zeit* Nr. 5/1996.

Bruce et al.: «Use of leeches in plastic and reconstructive surgery: a review», *Journal of Reconstructive Microsurgery*, Bd. 4, Nr. 5, S. 381 (1988).

Richard Conniff: *Spineless wonders. Strange tales from the invertebrate world*, New York (1997).

Hilke Stamatiadis-Smidt und Harald zur Hausen (Hrsg.): *Das Genom-Puzzle. Forscher auf der Spur der Erbanlagen*, Berlin, Heidelberg (1998).

Kapitel 6:

Norbert Borrmann: *Vampirismus oder die Sehnsucht nach Unsterblichkeit*, München (1998).

Rolf Wilhelm Brednich: *Die Spinne in der Yucca-Palme – Sagenhafte Geschichten von heute*, München (1988).

Luis Buñuel: *Mein letzter Seufzer*, Frankfurt am Main (1985).

G. Darei, M. Handermann, E. Hinz, H.-G. Sonntag (Hrsg): *Lexikon der Infektionskrankheiten des Menschen*, Berlin, Heidelberg (1998).

Iver Hand: «Zwangspatienten entlarven: Oft genügen drei einfache Fragen», *MMW-Fortschr. Med.* Nr. 39, S. 26 (1999).

Franz Kafka: *Sämtliche Erzählungen*, Frankfurt am Main (1970).

H. Mester: «Das Syndrom des wahnhaften Ungezieferbefalls», *Angewandte Parasitologie*, Bd. 2, S. 70 (1977).

Kapitel 7:

Hermann Feldmeier: «Amöben greifen Darmzellen mit Wurfankern und Pfeilbündeln an», *Ärzte Zeitung* vom 15. 3. 1999.

Grzimeks Tierleben: *Niedere Tiere*, München (1993).

Roger M. Knutson: *Furtive Fauna – a field guide to the creatures who live on you*, Berkeley (1996).

Theodor Rosebury: *Microorganisms Indigenous To Man*, New York, Toronto, London (1962).

Gerhard Volkmeier: «Was muß der Hausarzt über die Stuhluntersuchung wissen?», *Der Allgemeinarzt*, Nr. 12, S. 1118 (1998).

Kapitel 8:

Alison Abbott: «Battle lines drawn between ‹nanobacteria› researchers», *Nature*, Bd. 40, S. 105 (1999).

Kurt Bachmaier et al.: «Chlamydia Infections and Heart Disease Linked Through Antigenic Mimicry», *Science*, Bd. 283, S. 1335 (1999).

Brian J. Balin et al.: «Identification and localization of Chlamydia pneumoniae in the Alzheimer's brain», *Med Microbiol Immunol*, Bd. 187, S. 23 (1998).

Liv Bode und Hanns Ludwig: «Bornavirus-Infektion und psychiatrische Erkrankungen», *Zeitschrift für Allgemeinmedizin*, Bd. 73, S. 621 (1997).

John Danesh et al.: «A human germ project?», *Nature*, Nr. 6646, S. 21 (1997).

Hervé C. Gérard et al.: «Frequency of apolipoprotein E (APOE) allele types in patients with *Chlamydia*-associated arthritis and other arthritides», *Microbial Pathogenesis*, Bd. 26, S. 35 (1999).

Denise Grady: «Linking infection to Heart Disease», *The New York Times* vom 17. 2. 1998.

Judith Hooper: «A New Germ Theory», *The Atlantic Monthly*, S. 41 (Februar 1999).

E. Olavi Kajander und Neva Ciftcioglu: «Nanobacteria: An alternative mechanism for pathogenic intra- and extracellular calcification and stone formation», *PNAS*, Bd. 95, S. 8274 (1998).

Paul E. Kolenbrander und Jack London: «Adhere today, Here tomorrow: Oral Bacterial Adherence», *Journal of Bacteriology*, Bd. 175, S. 3247 (1993).

Julian K.-C. Ma et al.: «Characterization of a recombinant plant monoclonal secretory antibody and preventive immunotherapy in humans», *Nature Medicine*, Bd. 4, S. 601 (1998).

Andrea Mombelli: «Antibiotika in der Parodontaltherapie», *Schweiz Monatsschr. Zahnmedizin*, Bd. 108, S. 969 (1998).

Michael B. A. Oldstone: «Molecular Mimicry and Autoimmune Disease», *Cell*, Bd. 50, S. 819 (1987).

David A. Relman: «The Search for Unrecognized Pathogens», *Science*, Bd. 284, S. 1308 (1999).

Harvey Schenkein et al.: «The Pathogenesis of Periodontal Diseases», *J. Periodontol*, S. 457 (April 1999).

Heinz Schott (Hrsg): *Der sympathetische Arzt. Texte zur Medizin im 18. Jahrhundert*, München (1998).

Lawrence Steinman und Michael B. A. Oldstone: «More mayhem from molecular mimics», *Nature Medicine*, Bd. 3, S. 1321 (1997).

Christoph Stephan und Wolfgang Stille: «Ist Multiple Sklerose eine Infektionskrankheit des zentralen Nervensystems mit Chlamydia pneumoniae?», *Ärzte Zeitung* vom 6. 7. 1999.

Rick Weiss: «Is Heart Disease Caused by Germs?», *The Washington Post* vom 1. 3. 1999.

Kapitel 9:

Bruce Alberts et al.: *Molecular Biology of the Cell*, 2nd edition, New York (1989).

Martin J. Blaser: «Der Erreger des Magengeschwürs», *Spektrum der Wissenschaft*, Nr. 4, S. 68 (1996).

Darai, Handermann, Hinz, Sonntag (Hrsg.): *Lexikon der Infektionskrankheiten des Menschen*, Berlin, Heidelberg (1998).

Russell F. Doolittle: «A bug with excess gastric avidity», *Nature*, Bd. 388, S. 515 (1997).

Harald zur Hausen: «Papillomviren als Krebserreger», *Geburtshilfe und Frauenheilkunde*, Bd. 58, S. 291 (1998).

B. J. Marshall und J. R. Warren: «Unidentified Curved Bacilli in the Stomach of Patients with Gastritis and Peptic Ulceration», *The Lancet*, Nr. 8360, S. 1311 (1984).

J. D. H. Morris et al.: «Viral Infection and Cancer», *The Lancet*, Bd. 346, S. 754 (1995).

Katrin Pütsep et al: «Antibacterial peptide from *H. pylori*», *Nature*, Bd. 398, S. 671 (1999).

Jean-F. Tomb et al.: «The complete genome sequence of the gastric pathogen *Helicobacter pylori*», *Nature*, Nr. 6642, S. 539 (1997).

Kapitel 10:

Bernard Dixon: *Magnificent Microbes*, New York (1976).

Kenneth V. Iserson: *Death to Dust – What Happens to Dead Bodies?*, Tucson (1994).

Gina Kolata: «Detective Work and Science Reveal a New Lethal Bacteria», *New York Times* vom 6. 1. 1998.

James Lovelock: *Das Gaia-Prinzip – Die Biographie unsers Planeten*, Zürich, München (1991).

Michael T. Madigan, John M. Martinko, Jack Parker: *Brock – Biology of Microorganisms*, New Jersey (1997).

Lynn Margulis: *Die andere Evolution*, Heidelberg, Berlin (1999).

Richard Selzer: *Mortal Lessons*, Simon & Schuster (1974).

Glossar

Amöben (Wechseltierchen) sind einzellige Lebewesen, die mehrere Millimeter groß werden können und zur Klasse der Wurzelfüßer zählen. Sie besitzen keine feste Gestalt, sondern ändern dauernd ihre Körperform, indem sie Scheinfüßchen ausbilden. Mit denen bewegen sie sich fort und umfließen ihre Nahrung. In Mundhöhle und Darm des Menschen leben sechs harmlose Arten. Hinzu kommen krankheitserregende Arten, die den Menschen jedoch nicht dauerhaft besiedeln.

Bakterien sind einzellige Mikroorganismen, die keinen Zellkern besitzen. Auf eine Menschenzelle kommen mindestens zehn Bakterien. Allein auf der Haut und den Schleimhäuten des Menschen haben Forscher bisher Hunderte verschiedener Spezies nachgewiesen. Das ist nur die Spitze des Eisbergs: Rund 99 Prozent «unserer» Bakterien sind bisher noch gar nicht entdeckt.

Bandwürmer zählen zur Klasse der Plattwürmer. Die Darmparasiten verankern sich mit ihrem Hakenkranz am Kopfende zwischen den Darmzotten und können mehrere Meter lang werden. Im Dünndarm des Menschen treten auf: Fischbandwurm, Schweinebandwurm, Rinderbandwurm, Zwergbandwurm, Hundebandwurm (Blasenwurm) und der auf Taiwan beheimatete asiatische Wurm *Taenia asiatica*. Dazu können weitere Würmer kommen, die meistens Fleischfresser wie Fuchs, Hund, Katze, ausnahmsweise aber auch den Allesfresser Mensch befallen können.

Bettwanzen stammen aus der Familie der Plattwanzen (Hauswanzen). Die flügellosen Insekten lassen sich nachts von der Zimmerdecke auf schlafende Menschen herabfallen, saugen deren Blut und verschwinden dann wieder in die Ritzen von Tapeten, Mauern oder Möbeln. In Deutschland peinigt einen die Gemeine Bettwanze *(Cimex lectularius)*; in Südasien und Afrika haust die Tropische Bettwanze *(Cimex rotundatus)*.

Blutegel stellen eine Ordnung der Glieder- oder Ringelwürmer dar. Die selten gewordenen Medizinischen Blutegel *(Hirudo medicinalis medicinalis)* saugen sich an der Haut fest und trinken unser Blut wie kleine Vampire. Inzwischen bewähren sie sich als Assistenten in der Mikrochirurgie. In Ungarn lebt eine Unterart, der Ungarische Blutegel *(Hirudo medicinalis officinalis)*. In Mexiko wird eine Spezies der Knorpelegel *(Haementeria officinalis)* medizinisch als Schröpfegel verwendet.

Fadenwürmer *(Nematoden)* sind dünne, etwa einen Zentimeter lange Rundwürmer. Auf dem Menschen können Madenwürmer, Spulwürmer und Trichinen vorkommen.

Fledermäuse bilden eine weltweit verbreitete Unterordnung der Flattertiere. Nur der in Südamerika heimische Gemeine Vampir *(Desmodus rotundus)* ernährt sich vom Blut der Säugetiere und tritt daher – wenngleich höchst selten – im Lebensraum Mensch auf.

Fliegen stellen eine weltweit verbreitete Unterordnung der Zweiflügler dar. Hierzulande leben die Larven der Goldgrünen Schmeißfliege (*Lucilia sericata*, auch Goldfliege genannt) mitunter auf Menschen; sie fressen Abgestorbenes aus Wunden – oft zum Wohle der Betroffenen.

Flöhe sind flügellose Insekten. Die echten Menschenflöhe *(Pulex irritans)* springen meterweit und ernähren sich ausschließlich von unserem Lebenssaft. Sie sind in Deutschland beinahe ausgestorben (im Unterschied zu Katzen- und Hundeflöhen), haben aber eine eigene Kulturgeschichte.

Geißeltierchen *(Zooflagellaten)* sind Einzeller, von denen nach Schätzungen neun Arten auf dem Menschen vorkommen.

Läuse stellen eine Ordnung mit knapp 400 Arten Blut saugender Insekten dar. Zu den Menschenläusen zählen sechs auf Menschenaffen, Kapuzineraffen und Menschen lebende Arten. Drei von ihnen leben nur auf dem Menschen: Die drei Millimeter kleinen Kopfläuse *(Pediculus humanus capitis)* gedeihen und vermehren sich im Haupthaar des Menschen. Die Insekten können beim Blutsaugen das Fleckfieber übertragen. Kleiderläuse *(Pediculus humanus corporis)* sind in der Steinzeit zu uns gekommen, als man begann, sich in Felle und später Stoffe zu hüllen. Sie leben auf der Innenseite unserer Kleider. Filzläuse *(Phthirus pubis)* hausen im Schamhaar, wohin sie meist beim Geschlechtsverkehr gelangen. Ohne den nährenden Menschen überleben die Insekten, die auch Schamläuse genannt werden, allenfalls zwölf Stunden.

Madenwürmer werden auch Pfriemenschwänze, After- oder Kinderwürmer genannt. Die weißen Fadenwürmer kennt und hat man in aller Welt. Sie werden bis zu 12 Millimeter lang und leben als harmlose Parasiten im menschlichen Dick- und Blinddarm, meist von Kindern.

Mikroben ist die umgangssprachliche Bezeichnung für Mikroorganismen. Das sind meist einzellige Lebewesen, die wegen ihrer geringen Größe nur im Mikroskop zu sehen sind. Zu den Mikroben auf dem Menschen gehören Bakterien, Pilze und Protozoen. Weil Viren nicht alle Kriterien eines Lebewesens erfüllen, zählen manche Mikrobiologen sie folglich nicht zu den Mikroben. In diesem Buch sind mit der Sammelbezeichnung Mikroben auch Viren gemeint.

Milben sind eine mit rund 20 000 Arten weltweit verbreitete Ordnung der Spinnentiere. In unserem Gesicht wohnen die 0,3 bis 0,4 Millimeter lange Haarbalgmilben *(Demodex folliculorum)*. Ebenfalls weit verbreitet sind die 0,25 Millimeter langen Talgdrüsenmilben *(Demodex brevis)*. Weit seltener sind die Krätzmilben *(Sarcoptes scabiei)*. Die Weibchen dieser Spinnentiere bohren Gänge in die Haut, schlürfen Lymphe, fressen Zellgewebe und legen Eier ab. Hausstaubmilben *(Dermatophagoides pteronyssinus* und *D. farinae)* fressen winzige Pilze und leben in unserem Bett.

Pilze bilden eine eigene Abteilung, die mit mehr als 100 000 bekannten Arten den Pflanzen zugerechnet wird. Einige von ihnen hat es auf den Menschen verschlagen, beispielsweise Hautpilze *(Dermatophyten)* wie *Trochophyton*- und *Microsporum*-Arten. Der Hefepilz *Pityrosporum ovale* gehört zur normalen Flora der Kopfhaut. Verschiedene *Candida*-Arten sind die bekanntesten Pilze auf dem Menschen.

Saugwürmer *(Trematoden)* bilden eine Gruppe 0,5 bis 10 Millimeter langer, meist abgeflachter Plattwürmer. Leberegel und Arten des tropischen Pärchenegels sind gefürchtete Krankheitserreger.

Stechmücken sind schlanke Zweiflügler. Auf unserem Planeten sind mehr als 3400 Stechmückenarten auf Beuteflug; hierzulande ist die Gemeine Stechmücke (Hausmücke, *Culex pipiens*) der bekannteste Plagegeist.

Urtierchen *(Protozoen)* bilden ein Unterreich der Tiere mit 20 000 bekannten Arten. Etliche dieser einzelligen Wesen wie Amöben und Geißeltierchen siedeln auf dem Menschen.

Viren sind kleinste Teilchen oder Partikel, die aus einem Nukleinsäurefaden (DNS oder RNS) und einer Eiweißkapsel bestehen. Die nur 20 bis 450 Nanometer (milliardstel Meter) großen Winzlinge finden sich auf jedem Menschen und überall in der Umwelt. Sie können sich außerhalb der Wirtszellen nicht allein vermehren und existieren. Die meisten Viren, mit denen der Mensch in Berührung kommt, sind noch gar nicht bekannt.

Zecken gehören zur Ordnung der Milben. In Deutschland tritt vor allem der Gemeine Holzbock, der auch Waldzecke genannt wird, auf.

Dank

Wie alles im Leben, so ist auch das «Leben auf dem Menschen» ein Gemeinschaftsprojekt. Viele Menschen haben mich mit Ideen, Hinweisen, Auskünften und Quellen versorgt und einzelne Kapitel vorab gelesen. Ihnen danke ich an dieser Stelle.

Ein großes Dankeschön geht an Andrew Brinser, der mir in den Vereinigten Staaten Originalarbeiten zugänglich gemacht hat, und an Maren Korthals sowie Urs Willmann, die das komplette Manuskript gelesen haben.

Ein besonderer Dank gebührt Anke Bördgen; ihre Unterstützung hat das Buch erst möglich gemacht.

Bildquellen

Die Infografiken auf den Seiten 23, 27, 108 und 158 gestaltete Regina Otteni, Grafik Design, Hamburg.

S. 19   Abbildung entnommen aus: «Geschichtsblätter für Technik, Industrie und Gewerbe». Band 3, Heft 1–3, Berlin 1916, S. 9.

S. 67   Foto entnommen aus: www.salon.com/people/rogue/1999/05/20/flatulence/

S. 70   Abbildung entnommen aus: Rüdiger Wehner / Walter Gehring, *Zoologie*, Thieme Verlag, Stuttgart 1990, S. 689.

S. 71   Abbildung entnommen aus: Michael Andrews, *The Life That Lives On Man*, Taplinger Publishing Company, New York 1977, S. 116.

S. 77   Abbildung entnommen aus: Rüdiger Wehner / Walter Gehring, *Zoologie*, Thieme Verlag, Stuttgart 1990, S. 689.

S. 79   Abbildung entnommen aus: Michael Andrews, *The Life That Lives On Man*, Taplinger Publishing Company, New York 1977, S. 8–9.

S. 82   Abbildung entnommen aus: Rüdiger Wehner / Walter Gehring, *Zoologie*, Thieme Verlag, Stuttgart 1990, S. 689.

S. 86   Foto: Bayer AG

S. 88   Abbildung entnommen aus: Birgit und Heinz Mehlkorn, *Zecken, Milben, Fliegen, Schaben – Schach dem Ungeziefer*, Springer Verlag, Heidelberg 1992, S. 33.

S. 95   Foto entnommen aus: «Innovartis. Das ärztliche Panorama» 4/1998, S. 36.

S. 119   Abbildung entnommen aus: Birgit und Heinz Mehlkorn, *Zecken, Milben, Fliegen, Schaben – Schach dem Ungeziefer*, Springer Verlag, Heidelberg 1992, S. 176.

S. 129   Abbildung verändert nach: Theodor Rosebury, *Microorganisms Indigenous To Man*, New York 1962, S. 262.

S. 131   Abbildung verändert nach: Theodor Rosebury, *Microorganisms Indigenous To Man*, New York 1962, S. 258.

S. 132 Abbildung verändert nach: Theodor Rosebury, *Microorganisms Indigenous To Man*, New York 1962, S. 260.

S. 142 Abbildung entnommen aus: «Z. Allg. Med»., 1997/73, S. 621–627, Hippokrates Verlag, Stuttgart 1997.

S. 165 Illustration entnommen aus: «GASTRO News» 1/99, S. 2.

Register

Abwehr, körpereigene 13 (→ Immunsystem)
- Minderung 184
- Stärkung 38
Abwind (→ Darmwinde)
Achselhöhle 50, 87
Achselschweiß 53
Adenoviren 109
- als → Genfähren 110
- gentechnisch veränderte 110 f.
- krebsauslösende 110
- Typ 36 143
Aderlass 94, 97
Aids 123, 129, 133, 186 f.
Allergien 31, 41, 43
- Anfälligkeit 41
- Auslöser 40
- genetische Veranlagung 127
- Kontakt mit Bakterien 29, 41
- Milbenkot 127
Alzheimer, Alois 145
Alzheimer-Krankheit 15, 143–146
- Ursache 150
Amantadin 141
Amasis 60 f.
Amöben 11 f., 27, 128, 129 (*Abb.*), 154
→ Aids-Kranke 187
- im menschlichen Gehirn 129
- Krankheitserreger 129
- Suche nach Wirt 128
- Vorläufer 23

Amöbenruhr 130
Andostrenol 52
Andostrenon 52 f.
Andrews, Michael 80
Antibiotika 22, 43, 47, 99, 104, 135, 137, 149, 150
- für Herzkranke 150, 152
 (→ Herzinfarkt, ansteckender)
- gegen Pest 76
- vor Zahnbehandlung 160
Antibiotikatherapie 163 f., 166
Antigene 37
Anti-Karies-Tabak 155
Antikörper 37, 42, 143, 145, 148, 151, 157, 167
ApoE-4 146
Apries 60 f.
Ärmchenzellen 32
Armstrong, Neil 11
Arteriosklerose 15, 139 f., 144, 148–150
Arthritis 15
- Epidemie 137
- reaktive 147
Asthma 15, 40 f., 127, 138
- Darmsanierung 48
Astrozyten 146
Autoimmunkrankheit 151
 (→ Aids)

Babyduft 49 f. (→ Menschenduft)
Bacon, Roger 17

Bacteroides-Arten 28, 35, 63
Baer, William 103
Bakterien 9, 11 f., 14, 25–29, 32,
64, 124, 128, 137, 140, 143, 154
(→ Mikroben; Viren)
– Abfallprodukte 58
→ Aids-Kranke 187
– allergiehemmende 31 (→ Allergien)
– anaerobe 22, 27, 58, 147
– Botenstoffe 35
– coryneforme 56
– Düfte 50
– fehlende 29 (→ Keimfreiheit)
– Fusion 22
– im → Darm 13, 28, 34, 36, 59,
66, 99 f. (→ Darmbakterien)
– leuchtende 32
– Karnevalszeit 16
– mit dem Menschen verschmolzene 12
– Mundhöhle 59
– residente 25
– saprophile 190
– Schutz vor → Krebs 31, 37
– Schutzhülle auf → Haut 13
– toter Körper 191
– transiente 25
– unentdeckte 14, 157
Bakterien, gefährliche 33
– Angst vor 22
– Frühgeburt auslösende 33
– herzschädigende 150 (→ Herzinfarkt, ansteckender)
– Krankheitserreger 75, 138
– Krebs auslösende 162
– Magengeschwüre verursachende 161
Bakterienflora 114 (→ Darmflora;
Mundflora)
– geschwächt durch → Antibiotika 135

Bakterieninfektionen 148 f. (→ Infektionen)
Bakterienpräparate 47
Bakterienstämme, antibiotikaresistente 104
Bandwürmer 75, 135 (→ Würmer)
batakusai 51
Begattungstasche 83
Besiedler 13, 17 f., 25, 29, 36 f.,
145, 193
– Angst vor 112
– gelassener Umgang mit 17
– harmlose 138
– lebenslange 144
– treue 109
– unsichtbare 12, 43
Bettwanzen 16, 70, 82–84
(→ Wanzen)
– blutsaugende 16
– Kulturfolger des Menschen 83
– Stinkdrüsen 84
Bhakdi, Sucharit 150
Bietigheim, Krankenhaus 102,
104 f.
Bifidobakterien 28, 36
Biochirurg 92, 101
Biofilm 156
Blähsucht 63, 66
Blähungen 47 f., 59–62
– als Kommunikationsmittel 61 f.
Blase, sterile 27, 185
Blasenbilharziose 168
Blasenkrebs 169
Blaut, Michael 45 f.
Bloom, Barry 138
Blut, süßes 84
Blutegel, medizinischer 92, 94,
95(*Abb.*), 96, 101
– als Arzneimittel 98
– Blutzerlegung 99
– in der Naturheilkunde 97 f.
– Speichel 96 f.

– Zucht 94 f., 98
Bluterkrankheit 24
Blutgerinnung 29, 43, 159
– frühzeitige 69
Blutkonserven, verseuchte 171
Blutkörperchen, weiße 144, 149
Blutkrebs 108
Blutsauger 16 f., 54, 120–122
  (→ Vampire)
Blutstau 95
Bodenkeim 40
Borna-Viren 141, 142 (*Abb.*), 143
Borrelia burgdorferi 89
– Enttarnung 137
Borrelien 148
Borrmann, Norbert 120
Brednich, Rolf Wilhelm 112
Brehm, Alfred 99
Brevibakterien 55
Brimbleham, Peter 6
Brunpt, Emile 130
Burgdorfer, Willy 137 (→ *Borrelia burgdorferi)*
Buttersäure, bakterielle 44, 54

Chlamydia pneumoniae 138 f.,
  143–145, 150–152
– Erbmoleküle der 145, 148
Chlamydia trachomatis 146 f.
Chlamydien 147 f., 150 f., 181
– Herzattacke 151 f. (→ Herzin-
  farkt, ansteckender)
Chlamydien-Hypothese 147 f.
Chlamydien-Infektion 146
Cholera 179
– Mangelernährung 185
Cholera-Bakterien 15, 178
– Selbstversuch 178–180
Chromosom Nr. 9 24
Chronic Fatigue Syndrom (Chroni-
  sches Müdigkeitssyndrom) 21 f.
Clostridien 63, 141

Coley, William B. 39 f.
Colitis ulcerosa 44, 47
Computer, lebender 101
Conniff, Richard 94
Corbin, Alain 52

Darm 44, 132
– lokales Abwehrsystem 37
– sterilisierter 28
Darmbakterien 31, 35, 132, 180,
  188
– Krankheitserreger 131, 132
  (*Abb.*)
Darmbesiedler 17, 37
Darmblutungen 189
Darmflora 28, 43, 185
– normale 184
– verbesserte 45
Darmkeime 45
– fremder Menschen 46
Darmwinde 58–64 (→ Bläh-…)
Dasselfliege 105
Dekkers, Midas 17, 70
Demodex-Arten 11, 123 f.
Depressionen 141 f.
Dermatozoenwahn 116
DeSilva, Ashanti 109
Desinfektionsmittel 113, 115, 134
Desodorierung 56, 58
Dhurandhar, Nikhil 143
Diabetes 41, 139
Dickdarm 28, 34, 47 (→ Darm-…)
– Bakterienarten im 63
Diethyltoluolamid (Deet) 87
Digoxigenin 44
Dimethylsulfid 59, 65
Ditto, William 101
Dixon, Bernard 180
DNS 24, 107, 109, 146, 152, 182
DNS-Viren 174
Döderleinsche Scheidenbakte-
  rien 33 (→ Vagina)

Duft → Menschenduft
Duldungsstarre 53
Dünndarm 28, 34
– wässriges Milieu 44
Durchfall 38, 47 f., 179, 185
– blutiger 130, 188
– mögliche Ursache 131

Egel 12, 16 (→ Blutegel)
Egelfänger 94
Ehrlich, Paul 30
Eiablage
→ Goldgrüne Schmeißfliege 102,
191
→ Milbe 124
– Stubenfliege 118
Ekzeme 33, 80, 114, 126
Elektrokoagulation 63
Endosymbiontentheorie 24
Entemologie, forensische 191 f.
Enterokokken 46
Enterozoenwahn 116 (→ Ungezie-
ferwahn)
Entzündungen → Infektionen
Entzündungsherde 149
Epithelzelle 34, 110
Epstein-Barr-Virus 21, 170
Erbgut 12 (→ DNS)
– sequenziertes 153
→ Viren 25
Erdbakterien 40
Erkennungsmoleküle 39
Escherich, Theodor 188
Escherichia coli 36, 185, 199
– 0157:H7 187 f.
– Bakterienpräparat 47
– enterohämorrhagische 189
– enterotoxische Varianten 35,
188
Ethnien 18
– Körpergerüche 51
Eudiometer 62

Evolution 11, 23
Ewald, Paul 139 f.

Fadenwürmer 20 (→ Würmer)
Fäulnisbakterien 190
Fauna, menschliche 9, 25, 128,180
Fäzes (Fäkalien) 64, 128
– Bakteriengehalt 28
– Geruchsstoffe 64
→ Juckreiz 126
Fettsäuren 52, 57
– kurzkettige 44
Fettsucht 15, 41, 138
Filzlaus 78 (→ Läuse)
Flagellaten 131 (→ Geißeltiere)
Flatologie 62 (→ Blähungen;
Darmwinde)
Fleckfieber 80 f.
Fledermaus 119, 121 f. (→ Vampire)
– blutsaugende 122
– Tollwutüberträgerin 121 f.
Fleischmann, Wim 102 – 104
Fliegen 12
– Heilkraft 103
→ Keime 102
– Larven 104
– Maden 92 (→ Madentherapie)
Flohdressur 72
Flöhe 11, 16, 69, 88, 116
– Anatomie 74
– Artenvielfalt 72
– Hundefloh 73, 76 f.
– im Sprachgebrauch 71
– Katzenfloh 73, 75 f.
– Krankheitserreger 75 f.
– «Luthers Floh» 74
– Menschenfloh 15, 69 f., 73, 75 f.
Flohfalle 18, 19 (*Abb.*), 74
Flohkönig 72
Flora 9, 42 (→ Darmflora; Mund-
flora)
– elterliche 25

– geschädigt durch → Antibiotika 47
– konstante 28
Frühsommer-Meningo-Encephalitis-Virus 89 (→ Zecken)
Furunkel 38 (→ Darmwinde)
Furzgeräusche 67
Fußpilz 134
Fußschweiß → Schweißfuß

Gaia-Hypothese 194
Gallensteine 141
Gasbrandbakterien 103
Gastroenterologie 63
Gebärmutterhalskrebs 175
Gehirnabbau 145 (→ Alzheimer-Krankheit)
Geißeltierchen 11, 27, 130 f., 154, 181, 187
– auf dem Menschen 132 (*Liste*)
Gelenke, entzündete 146
Gene
– Krankheiten 138 f.
→ Mikroben 24, 146
– virale 174
Genfähre 109 (→ Retroviren)
Genkombinationen 24
Gensonden 157
Gentherapie 106–108, 111
– Todesfälle 111
Gerinnungshemmer 97 (→ Blutgerinnung)
Glykogen 33
Glykokonjugate 36
Gnotobiologie 29–31
Goethe, Johann Wolfgang von 17, 49, 60, 70, 74
Goldgrüne Schmeißfliege 101
– Eiablage 102, 191
– in der Heilkunst 101–104
Grammer, Karl 53
Gürtler, Lutz 91

Haarbalgmilbe 123 f.
Haarknötchenkrankheit 134
Hallé, Jean-Noel 56
Halluzinationen, taktile 115
Hamburger-Krankheit 188
Hand, Iver 113
Hartmann, Tobias 150
Hausstaubmilben 40, 126 f. (→ Milben)
– menschliche Ausdünstungen 127
Haut 25, 29, 125
→ Mikroorganismen 11
Hautflechten 134
Hautflora 27, 52
– Abwehr von Bakterien 27
– durch → Antibiotika geschwächte 32 f.
Hautkrebs, epithelialer 175
Hautpilze 134
Hautschuppen 49, 126, 134
Hefen 12, 27
Hefepilze 33, 134, 181
– *Candida* 187
Heilpraktiker 16, 48, 98
Heine, Heinrich 69
Heliobacter pylori 14, 27, 138, 152, 173–168, 176, 181 (→ Magen-…)
– Erbgutentschlüsselung 165 f.
– Gift gegen Eindringlinge 34
– krebserzeugendes 168
– Ursache für → Magengeschwür 162
Hepatitis 38, 139
– fulminante 172
Hepatitis-B-Virus 139, 170, 173 f.
Hepatitis-C-Virus 139, 170–173
Herpes-Virus 16, 21, 152, 176, 182, 184
– humanes 183 f., 187
Herzinfarkt 15, 100, 150, 159

– ansteckender 138, 143 f., 148
Heuschnupfen 41
Hillmann, Jeffrey 155
Hirnschlag 15
Hirudin 96 f.
– gentechnisch hergestelltes 100
– Spenderorgane 101
Hirudiniasis 93 f.
Hitzeschockproteine 39
HI-Virus 108, 186, 190 (→ Aids)
Holgate, Stephen 40
Holland, Keith 55
Holzbock, gemeiner → Zecken
Homo sapiens 9, 12, 16, 42
Hudson, Alan P. 146
Human Genome Project 153
Human Germ Project 153
Hungertyphus 185
Hygiene 60, 130, 182
– mangelnde 27, 43
Hygiene-Hypothese 41
Hygienezwang 15
Hypostom 88

Immunantwort 42, 151, 157
Immunologie 30
Immunpräparate, kontami-
  nierte 171
immunschwacher Wirt 186
Immunsystem 13, 42, 90, 108,
  123, 144, 148, 159, 167, 172
– archaisches 42
→ Bakterien, Kontakt mit 13, 31,
  37, 181
– geschwächtes 21, 129, 133, 148,
  154
→ Infektionen, Unterdrückung
  von 177
– Krebszelle, bekämpfte 175, 177
→ Mikroben, trainiert
  durch 36 – 38, 42 f.
– Signalstoffe 39

– Täuschung des 151
– Virenerkennung 111
Immunzellen 38, 156
– getötete 163
– T-Helferzellen 186
Impfbakterium 40
Impfstoffe 138, 166
→ Asthma 40
→ Hepatitis C 172
→ Krebs 173
Indol 64
Industriebakterien 46
Infarktrisiko 150 f.
Infektion 29, 110, 140, 146, 149,
  153, 190 (→ Herzinfarkt, anste-
  ckender)
– «aufsteigende» 33
– abnehmende 37
– chronische 153
– gravierende 38
– heilsame Wirkung 38
– latente 176
– mit Bakterien / Viren 37
– noch keine → Krankheit 15, 179
– zur Krankheit führende 181
Infektion, Anfälligkeit 186
– altersbedingte 184 f.
– Ernährung 185
– Stress 184
Influenzaviren 171
Interferenz 34
Interferone 176
Inuits 76
Iserson, Kenneth V. 191
Isolator 29, 37 (→ Keimfreiheit)

Jaske, Ludger 92, 95, 99 f.
JC-Virus 18
Joghurtbakterien 45
Juckreiz 33, 43, 80, 115, 125
– durch Fäkalien verursachter 126

Kajander, Olavi 140 f.
Kaposi-Sarkom 170, 176, 187
Karies 41, 155
Karies-Bakterien 155 f., 185
Keime 28, 36, 47, 55, 102, 138, 153 f.
– gezüchtete 178
– pathogene 37, 184
– potentiell tödliche 15
– «spanisch/indianische» 181
– Schutz vor → Krebs 39
Keimfreiheit 13, 31, 33, 36 f.
Keimtheorie 139
– Kochsche 179
Keratolyse, narbige 55
Kernmayer, Hans Gustl 41
Killerviren 180
Kindergärten 41 f., 132
Klebproteine 156
Kleiderlaus 15, 77 f., 80
– Krankheitsüberträger 81
Knieentzündungen, dauerhafte 147
Koch, Robert 153, 178 f. (→ Robert Koch-Institut)
Kochsche Postulate 178
Kölmel, Klaus 37 – 39
Kommensalen 13, 181
Kopflaus 77 – 80, 88
Kopfschuppen 134
Kopuline 52
Körpergeruch 50 (→ Menschenduft)
Krankheitsausbruch 150, 179
Krätze → Skabies
Krätzmilben 116
Krebs 14, 37, 48, 106, 138 f., 161, 167 – 169, 171, 173, 176
– Rauchen 150
– Schutz vor 39
→ Würmer 161, 169
Krebszellen

– Erkennung 39, 106 (→ Immunsystem)
– Hemmung 44
Kunstfurzen 68 (→ Darmwinde)
Kurth, Reinhard 171

Laktobazillen 28, 33, 45 f.
Laktose 66
Landegel 93
Larven
– Milben 124
– parasitierende 105
Läuse 12, 20, 41, 70, 76, 88, 116
– Absuchen nach 17, 78 – 80
– als Zeichen von Potenz 80
– Krankheitsüberträger 80
Läuseessen 79
Läuserückfallfieber 80 f.
Leberegel 169 (→ Blutegel)
Leberkarzinom 171, 173
Leberzirrhose 172 f.
Leeuwenhoek, Antony van 20, 131
Leinonen, Maija 148
Leitkeime 157 (→ Keime)
Leuchtbakterien 32
Levitt, Michael 63 f., 66
Linné, Carl von 80
Liposomenfusion 107
Lippenherpes 182 (→ Herpes-Virus)
Lovelock, James E. 193
Luther, Martin 61, 74
Lyme 90, 137
Lyme-Borreliose 90, 137, 139
Lymphknoten 37, 90

Ma, Julian 155
Madentherapie 103 – 105
Madenwurm 12, 136
Magen 27, 172
– Bewohner 161, 182
Magengeschwür 138, 161 f., 166

– Antibiotikatherapie 163 f.
Magenkeime 161–166, 176
  (→ Heliobacter plyori; Keime)
Magenkrebs 167
Malariaerreger 180
Malariamücke 55
Margulis, Lynn 76, 193
Marshall, Barry J. 162 f.
Massai 17
Mathes, Hans 71–73
Mathes, Heinz 72
McClintock, Martha 53 f.
McCourt, Frank 76
McFall-Ngai, Margaret 32
Melanom, malignes 37 f., 175
Mensch 12 (→ Homo sapiens)
– als Ökosystem 9, 11–13, 25, 34,
  92, 128
– außerirdische Definition 12
– keimfreier 29 f. (→ Keimfreiheit)
– Mikrobe, Wechselbeziehung
  mit 14 f., 26 (Abb.)
– sesshafter 83
Menschenbluttrinker 78, 94, 122
  (→ Vampire)
Menschenduft 13
– von → Mikroben verursach-
  ter 49–51, 54, 57
Menschenfloh → Flöhe
Menstruationszyklus, synchroni-
  sierter 53
Mester, H. 116
Methanthiol 55, 58
Metschnikow, Ilja Iljitsch 30
MHA (3-Methyl-2-hexensäu-
  re) 57 f.
Mikroben 25, 30, 154, 178
– anaerobe 28
– Anfälligkeit für 186
– genetisch veränderte 155
– Gentransfer 189
– Geruchsproduzenten 54

– Heilpotenzial 40
– knieschädigende 147
– krankheitserregende 153
– Leiche, begrabene 192
– Mineralschutz 140
– mutierte 189
– opportunistische 187
– Test auf 153
Mikrobenflora 31 f., 51
Mikrobenjäger 138, 188
Mikrobenphobie 22
Mikrochirurgie 16, 95
Mikroorganismen 9, 11, 133
– pathogene 42
– Siedlungsgebiete 25
– Schutz gegen fremde Erreger 32
Milben 11, 126
– in der Nase 123
– im Gesicht 124
– auf Leiche 192
Milchsäure 33, 45, 154
Milchsäurebakterien 46, 56, 154
Milchzucker 45, 66
Mitochondrien 23
– und → Bakterien 24
Molekularbiologie 137, 152
Molekulare Mimikry 151
Monozyten 144
Morbus Chron 47
Mücken 12, 86 (Abb.) (→ Stech-
  mücken)
– anpassungsfähige 85
– blutsaugende 16
– genetisch einzigartige 15 f., 85
– krankheitsübertragende 85
– Mittel gegen 87
– olfaktorische Vorlieben 86
Mukoviszidose 106, 110
Multiple Sklerose 15, 138, 144 f.,
  149
Mundbakterien 18, 128, 157, 159
  (→ Zahnbakterien)

215

Mundentzündungen 157, 159
Mundflora 155, 160
Mundgeruch 58 f., 65
– Hinweis auf Krankheiten 59
Mundhöhle 27, 128, 132, 154
Muskeldystrophie 106
Myosin 151

Nahrungsmitteldesign 45 f.
Nanobakterien 140 f.
Nasenschleimhaut 128 f.
Neurodermitis 41, 48, 127
Nierensteine 15, 140
Nissen 78
Nitrosamine, aromatische 44
Nomura, Abraham 167

Ödem 43
Ohrenkneifer 113, 118 f.
Ökosystem → Mensch
Old Lyme 137
olfaktorischer Fingerabdruck 52
Onkologie 40 (→ Krebs)
Orloff, Günther 51
Ötzi 17
Owen, Richard 123
Oyudo, Paul 147

Pandemien 76
Panthoten 43
Papillomviren 153, 175, 181
Parasit 13, 181
– sporadischer 70
Parasitologie 75, 118, 130
Pärchenegel 168
Parodontitis 154, 157
– Infarktrisiko 159
Pasteur, Louis 30 (→ Würmer)
Peitschenwürmer 17
Pektine 44
Penninger, Josef 151 f.
Pesterreger 75 f.

Pestizide 58
Petomanie 67
Pettenkofer, Max von 178–181,
  185
Pheromone 50
Pilze 12, 126, 154
– Angst vor 48, 135
– auf dem Menschen 133 f.
– *Candida*-Arten 135
– neue Arten 133
Polymerasekettenreaktion
  (PCR) 152
Poolsauger 90
Preti, George 57
Primatenläuse 78 (→ Läuse)
Probiotik 45 f.
Proteine 44, 107, 146
– defekte 110
– kanalbildende 130
– virale 174
Protozoen 127, 130, 133
Pujol, Joseph 67
Pulex irritans 69 f., 75
Pulex pruriginis senilis 116

Räude 126
Redoxpotential 34
Reinlichkeitswahn 21, 113 f.
  (→ Ungezieferwahn)
Reisedurchfall 35, 189 (→ Durch-
  fall)
Rektoskop 63
Relman, David 153
Resilin 74
Retroviren 107, 109, 174
– als → Vektoren 107
– humane endogene 24
– krebsauslösende 174
Reverse Transkriptase 109
Rheuma 48, 138
Rhinovirus 107, 171
Richter, Jon 58

RNS 171, 174
RNS-Tumorviren 108
Robert-Koch-Institut 14, 141 f.,
 171
Rosebury, Theodor 13, 129, 132
Rothschildt, Miriam 14
Ruhramöben 130
Rülpsen 62

Saikku, Pekka 148 f.
Salmonellen 45
Salmonellen-Infektionen 184
Säurehemmer 163 f.
Schamlaus 12, 78
Schattenepidemie 172
Scheide → Vagina
Schizophrenie 138
Schlaganfall 159, 180
– ansteckender 138, 143 f., 148 f.
Schmeißfliege → Goldgrüne
 Schmeißfliege
Schraubenwurmfliege 106
Schulmedizin 16, 48
Schwarzes Melanom 37 f., 175
Schwefelwasserstoff 65
Schweißdrüsen, apokrine 50 f., 57
Schweißfuß 54–56, 87
Schweißgeruch 52, 86 f.
– Mücken anziehender 86 f.
– urinartiger 53
Selzer, Anna-Maria 100
Serotonin 114
Seuchentheorie 180
Sexualduftstoff 53 (→ Phero-
 mone)
Sexualhormone 51 f.
Shigella-Bakterien 35, 188
Siedler → Besiedler
Skabies 125 f.
Skatol 65
SLR 172 40
Smentek, Günter 103

Sonnenexposition 38
Speichel 27, 47, 59, 173
– antibakterieller 27
→ Blutegel 96 f.
– Zecke 89
Spinnentiere 11 f., 88, 124–126
Staphylokokken 56
Stechmücken 70, 84–87, 105
 (→ Mücken)
Steroidhormon 52
Stratton, Charles W. 145, 149
Streptokokken 45, 154, 156,
 159 f., 180
Stubenfliege 102, 118
Sucrose 185
Sukzession 36
Symbionten 13, 50, 181
Symbioselenkung 48

Takken, Willem 55, 87
Talgdrüsen 50
Talgdrüsenmilbe 123
Testosteron 52
T-Helferzellen 42 f.
Thrombin 97
Thrombose 100
Todesduft, universeller 191
Todesfälle, unerklärliche 153
Transplantationsmedizin 101
Tröpfcheninfektion 76, 144
Tropismus 34
Tryptophan 64 f.
Tuberkel-Bakterium 152,
 178–181
Tuberkulose 38, 152, 178
Tumbufliege 105
Tumor 14, 106, 138, 161, 170
 (*Tabelle*), 181
Tumorviren 170, 174–177

Übergewicht 143
Ungezieferwahn 15, 114–118

Universitätskrankenhaus Eppen-
dorf (UKE) 95, 99, 113
Untote 119f (→ Vampire)
Urtierchen 12, 128, 130
(→ Amöbe)

Vagina
– Besiedler 131 f.
– Fliegenlarven 118
– pH-Wert 33
Vaginalsekret 52, 173
Vakuole 133
Vampir 120
– Gemeiner 119, 121 f.
Vampirfledermaus 54
Vektoren 107 (→ Retroviren)
Verdauungsenzyme 130, 157
Verdauungstrakt 30 f., 42
(→ Darm-...)
Verkeimungsphobie 113 f.
(→ Keime)
Verstopfung 47 f.
Verwesungsgeruch 56
Viren 12, 16, 143, 152, 154
– dickmachende 143
– in Gehirnzellen 14
– medizinisches Potenzial 106
– mit dem Menschen verschmol-
zene 12
– sesshafte 24
– springende 24
– Teil des menschlichen Erb-
guts 24
– Transportmedien 106, 109
– unentdeckte 14, 153
Viren, krankheitsverursa-
chende 24, 33, 138
→ Aids 187 (→ HI-Virus)

– Anfälligkeit für 186
– krebserzeugende 169, 170
(*Tabelle*)
– traurig machende 14, 141, 143
Virusarten 183 f. (*Tabelle*)

Wanderröte 90
Wanzen 12, 81 f. (→ Bettwanzen)
– eingebildete 115
– Paarungsakt 83
Warren, J. Robin 162 f.
Waschzwang 15, 33, 114 (→ Unge-
zieferwahn)
Wechseltierchen 128
White City 187
Windwindel 66 (→ Darmwinde)
Wundchirurgie 104
Wundinfektionen, bakterielle 104
Würmer 12, 116, 135 f.
– Siedler 136
– kanzerogene 161, 169
Wyss, Claude 192

Zahn, Mikrobenbesied-
lung 156–159
Zahnbakterien 158 (*Abb.*)
Zahnfäule 155, 185 (→ Mund-...)
Zahnfleisch, entzündetes 18, 27
Zecken 12, 54, 87–91, 137
(→ Holzbock)
Zellen 12, 23 f.
– Fusion von Bakterien 23
Zellpiraterie 107
Zellulosen 44
Zitronensäureester 58
Zuckerverbindungen 44, 66
(→ Milchzucker)
Zyste 128

science

Die Reihe **rororo science** bietet Lesern, die sich für Naturwissenschaft und Technologien interessieren, aktuelle und verläßliche Informationen. Die Autoren sind Wissenschaftler und Wissenschaftsjournalisten, die ohne Formelhuberei und Fachkauderwelsch, dafür mit Sachverstand, Witz und farbiger Sprache, über verschiedene Bereiche der Forschung und deren Auswirkungen auf unser Leben berichten.

Hans-Peter Beck-Bornholdt / Hans-Hermann Dubben
Der Hund, der Eier legt *Erkennen von Fehlinformation durch Querdenken*
(rororo science 60359)

Hans Christian Baeyer
Das All, das Nichts und Achterbahn *Physik und Grenzerfahrungen*
(rororo science 60357)
«Der Autor ist ein Meister der Analogie, der das Abstrakte durch klug gewählte Beispiele mit dem Vertrauten verknüpft.»
bild der wissenschaft
Regenbogen, Schneeflocken und Quarks *Physik und die Welt, die wir täglich erleben*
(rororo science 19709)

Karl Ferdinand Braun
Geheimnisse der Zahl und Wunder der Rechenkunst
(rororo science 60808)

Federico Di Trocchio
Der große Schwindel *Betrug und Fälschung in der Wissenschaft*
(rororo science 60809)

Michael Monka / Manfred Tiede / Werner Voß
Gewinnen mit Wahrscheinlichkeit *Statistik für Glücksritter*
(rororo science 60730)

Gero von Randow
Das Ziegenproblem *Denken in Wahrscheinlichkeiten*
(rororo science 19337)
Roboter *Unsere nächsten Verwandten*
(rororo science 60553)

Gero von Randow (Hg.)
Der Fremdling im Glas *und weitere Anlässe zur Skepsis entdeckt im «Skeptical Inquirer»*
(rororo science 19665)
Mein paranormales Fahrrad *und andere Anlässe zur Skepsis, entdeckt im «Skeptical Inquirer»*
(rororo science 19535)

rororo sachbuch

Weitere Informationen in der **Rowohlt Revue**, kostenlos im Buchhandel, oder im **Internet:** www.rowohlt.de

science

Ausflüge in die Welt der Gehirn- und Bewußtseinsforschung:

Francis Crick
Was die Seele wirklich ist *Die naturwissenschaftliche Erforschung des Bewußtseins*
(rororo science 60257)
«Sie, Ihre Freuden und Leiden, Ihre Erinnerungen, Ihre Ziele, Ihr Sinn für Ihre eigene Identität und Willensfreiheit – bei alledem handelt es sich in Wirklichkeit nur um das Verhalten einer riesigen Ansammlung von Nervenzellen und dazugehörigen Molekülen.» *Francis Crick*

Detlef B. Linke
Hirnverpflanzung *Die erste Unsterblichkeit auf Erden*
(rororo science 60135)

Alexander R. Lurija
Das Gehirn in Aktion *Einführung in die Neuropsychologie*
(rororo science 19322)
Der Mann, dessen Welt in Scherben ging *Zwei neurologische Geschichten*
(rororo science 19380)

Gabi Miketta
Netzwerk Mensch *Den Verbindungen von Körper und Seele auf der Spur*
(rororo science 19662)

William Poundstone
Im Labyrinth des Denkens *Wenn Logik nicht weiterkommt: Paradoxien, Zwickmühlen und die Hinfälligkeit unseres Denkens*
(rororo science 19745)

Alfred Meier-Koll
Wie groß ist Platons Höhle *Über die Innenwelten unseres Buwußtseins*
(rororo science 60823 / April 2000)

Tor Nørretranders
Spüre die Welt *Die Wissenschaft des Bewußtseins*
(rororo science 60251)

Ulrich Schnabel / Andreas Sentker
Wie kommt die Welt in den Kopf? *Reise durch die Werkstätten der Bewußseinsforscher*
(rororo science 60256)

Weitere Informationen in er **Rowohlt Revue**, kostenlos im Buchhandel, oder im **Internet:**
www.rowohlt.de

rororo sachbuch

rororo science

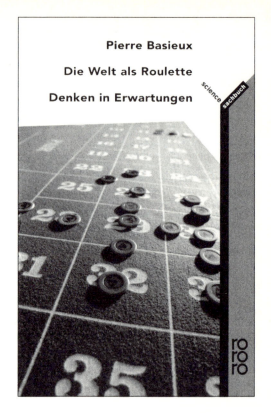

Pierre Basieux
Die Welt als Roulette
Denken in Erwartungen
(rororo sachbuch 19707)

Sie planen einen Casino-Coup – ohne krumme Tricks, versteht sich. Was sollten sie beachten? Nichts, weil ohnehin alles nur Zufall ist? – Weit gefehlt! Es gibt beim Roulette Erkenntnisse über Abweichungen vom reinen Zufall, und einige von ihnen konnten zu wissenschaftlich fundierten Methoden mit positiver Gewinnerwartung ausgebaut werden.
Aber das gilt nicht nur für den Spieltisch, sondern auch für die Welt und das tägliche Leben – der Zufall läßt sich zähmen. Dazu ist neben dem Denken in Wahrscheinlichkeiten das Denken in Erwartungen notwendig, das die Probabilistik umfaßt und ergänzt.

Stephen W. Hawking

Ein «Jahrhundertgenie wie Albert Einstein» *(Der Spiegel)*, ein Wissenschaftler, der der Weltformel auf der Spur ist, ein Mann, der entgegen allen Prognosen der Ärzte seit zwanzig Jahren mit einer unheilbaren tödlichen Nervenerkrankung lebt, kurz ein Mythos – **Stephen W. Hawking**, 1942 geboren, Physiker und Mathematiker an der Universität Cambridge, seit 1979 Nachfolger Newtons auf dem berühmten «Lukasischen Lehrstuhl» und der wohl bekannteste Wissenschaftler unserer Zeit.

Eine kurze Geschichte der Zeit
Die Suche nach der Urkraft
Deutsch von Hainer Kober.
Mit einer Einleitung von Carl Sagan
224 Seiten. Gebunden und als rororo science 60555
Der Bestseller, der Hawking weltberühmt machte. «Eine rasante Geisterbahnfahrt durch das Labyrinth kosmologischer Denkmodelle.»
Der Spiegel

Stephen W. Hawking (Hg.)
Stephen Hawkings Kurze Geschichte der Zeit
Ein Wissenschaftler und sein Werk
Deutsch von Hainer Kober.
Mit Illustrationen von Ted Bafaloukos
224 Seiten mit zahlreichen Abbildungen. Gebunden und unter dem Titel **Stephen Hawkings Welt** als rororo science 19961

Einsteins Traum *Expeditionen an die Grenzen der Raumzeit*
(rororo science 60132)

Die illustrierte Kurze Geschichte der Zeit *Aktualisierte und erweiterte Ausgabe*
Deutsch von Hainer Kober
248 Seiten. Gebunden
Der Klassiker der modernen Astrophysik, auf den aktuellen Erkenntnisstand gebracht, mit einem neuen Kapitel über Wurmlöcher und Zeitreisen, vielen Fotos und über 150 Farbillustrationen.

Stephen Hawking /
Roger Penrose
Raum und Zeit
Deutsch von Claus Kiefer
192 Seiten mit zahlreichen Abbildungen. Gebunden

Über Stephen Hawking:

Michael White /John Gribbin
Stephen Hawking
Die Biographie
(rororo science 19992)

Weitere Informationen in der **Rowohlt Revue**, kostenlos im Buchhandel, oder im **Internet:**
www.rowohlt.de

rororo sachbuch